犬のしつけがうまい人がやっている55のこと

ワタベなみ 著

セルバ出版

はじめに

●愛犬のしつけに不安・お悩みがある飼い主さんへ！

本書を手にとっていただいたということは、あなたは、次のいずれかのことで悩んでいる飼い主さんでしょうか？

①「将来、犬を飼いたいから、今からしつけについて勉強しておこう！」と思った方でしょうか？

②「子犬を飼い始めたから、これからしつけをするのによさそうだ」と思った飼い主さんでしょうか？

③「すでに犬を飼ってるんだけど、しつけにてこずっている」「思った以上に大変」「トレーナー（訓練士）さんの言うことはきくけど、家族の言うことはきいてくれない」「叱っても褒めても、問題行動がなくならない」と悩んでいる飼い主さんでしょうか？

●しつけは、犬が家に来たその瞬間から始まる

①の方、素晴らしいです！　ワンちゃんのしつけは、犬が家に来たその瞬間から始まります。本来なら、犬を飼う人全員が、しつけの知識を持ってから飼い始めるのが正解…ですが、今の日本の制度では、それを義務づけることはできません。

自ら必要だと思って、先に学んでおこうという姿勢に、大きな拍手を送りたいです（パチパチパチ！）。ぜひ、本書でしつけの基本、いえ、しつけってなんだろう、犬と自分がどういう状態になればいいのだろう、というしつけの本当の意味を学んで、これから迎える愛犬と毎日楽しく、癒されて過ごしましょう！

●オスワリ・フセより、もっと大事なこと

②の方、いいですね！　子犬ちゃん、カワイイでしょう？　この先、元気で賢く育ってほしいですよね。

〝犬のしつけ〟というと、「オスワリ」や「フセ」を教えること、と思われがちですが、実は、子犬には、それよりも前に大事なことがいっぱいあります。それは、「飼い主が一番好き！　大事！　安心できる！」と思ってもらうこと。つまり、信頼関係の構築です。

逆にいうと、信頼関係ができていなければ、家の中ではオスワリもフセもできるけど、ほかの人や犬がたくさんいる公園やドッグカフェでは興奮してしまってできなくなる、なんてことに。

本書で紹介している55のコツ1つひとつが、愛犬からの小さな信頼を得る行為です。小さな信頼の積み重ねが、大きな信頼になり、やがて愛犬から絶大な愛情を向けてもらえるようになるでしょう。ぜひ、〝愛犬の一番〟の存在になって、愛にあふれる生活を送ってください！

●愛犬の行動を変えるには…

③の方、大変でしたね。自分のしつけが悪いのかなとか、愛情不足なのかな、練習不足なのかな、と自分を責めていないでしょうか？　本書を手に取るほど、愛犬のことを考えているあなたが、愛情不足なわけがありません！　本書を読んでいただければわかりますが、犬のしつけには「こうすればいい」という〝正しい方法〟というものはありません。飼い主さんの性格・クセ、犬の性格・好みなどによって正解の方法が変わるからです。これまで、本で学んだり、動画を観たりして、練習をがんばったかもしれません。それで愛犬に変化がないなら、その方法は、あなたと愛犬に〝合ってない〟のかも。

本書でご紹介するのは、「このときはこうすればいい」という〝方法〟ではありません。愛犬がなにか問題行動をするとき、どういう気持ちでそれをしているのか、なにが原因でそれをしているのかを考えます。そのうえで、愛犬の気持ちを変えてあげたり、原因を取り除いてあげたりすれば、問題行動をしなくてよくなりますよね。ようは、愛犬の気持ちにそって、飼い主が行動を変える、環境を変える、という考え方です。

「自分（飼い主）の行動を変えるって難しい…」と思われたかもしれません。私は、犬のヒーリングをするために、スピリチュアルなスキルも学びました。そのときの師匠が、「どんなワンちゃんも、その家族に必要な犬が来ている」とおっしゃっていました。もし今、愛犬との生活が少しでも「大変」と思ってしまっているなら、それはあなたが「〝大〟きく〝変〟わる」必要がある合図なのかも。

「〝大〟きく〝変〟わる」のは〝大変〟ですよね。では、本書で紹介しているコツを少しずつ真似してみてください。すると、愛犬に少し変化が起こるかもしれません。その変化をもっと見たくなったら、もっと真似してください。そうしているうちに、愛犬はあなたを心から信頼し、びっくりするような愛情を向けてくれるようになるはずです！

第1章は子犬向けですが、愛犬がすでに大人になっていても、有効なことがたくさんあります。〝考え方〟の土台になる部分でもありますので、ぜひ第1章も読んでくださいね。

●しつけとは、愛犬と信頼関係を築くこと

ここでちょっと自己紹介。私は、トリマー歴25年、犬の健康としつけアドバイザー歴15年の犬のプロです。経営するトリミングサロンは、なかなか予約が取れないほどの人気をいただき、主催するパピー教室やカルチャースクールのしつけ講座が毎回満員になります。

犬道（？）まっしぐらな人間に見えますが、犬の仕事をする前の経歴は、某W大学法学部中退です（笑）。世の中の役に立ちたいな〜という思いから法学部に入学しましたが、法律を勉強しているうちに、「なんかやりたいことと違う」と思うようになりました。

法律の仕事というのは、なにか問題（事件）が起こったら、法に則ってそれを裁いていきます。それもモチロン大事なことですが、私は、問題（事件）そのものが起こらないようになればいいな、と思っていました。だから、問題（事件）が〝起こる〟ことが前提の仕事に違和感を持ったのです。

じゃあ、問題や事件が起こらない状態とは？　と考えたら、人の気持ちが優しく、癒されていればいい！　それには、私自身が子供のころからその存在に癒されてきたペットの仕事だ！　と思い付いてしまい、その後は犬道まっしぐら（笑）。

最初は、トリマーとしてペットの皮膚トラブルの多さをどうにかケアできないかと、食餌療法やアロマセラピーなどのナチュラルケアを学びました。皮膚の相談と同時に、しつけのことも相談されることが多かったので、自分のサロンに家庭犬のしつけトレーナーを招いて、しつけ教室を始めました。レッスンをサポートしながら自らもしつけを学び、飼い主さんの相談にのっていると、皮膚や体の健康には、メンタル（精神）＝心の安定も必要だと気づきました。

ワンちゃんの心は、自分の命を安心して預けられる、信頼できる飼い主さんがいることで、安定します。犬のしつけとは、愛犬の心を安心させてあげること、愛犬と信頼関係を築くことなのです。

本書では、25年で3000頭以上のワンちゃんとその飼い主さんに接してきて気づいた、しつけがうまい人に共通するコツをまとめました。すべてが、愛犬が信頼したくなるポイントです。知っているだけで、愛犬との暮らしが今よりずっとずっと楽になると思います。

さあ、ここから、あなたが愛犬に、愛されて癒されるハッピードッグライフが始まります！

２０２４年12月

愛犬との信頼構築アドバイザー　ワタベ　なみ

犬のしつけがうまい人がやっている55のこと　目次

2章　しつけのうまい人がしつけを始めるときにやっていること

3章　しつけのうまい人がやっている愛犬がメロメロになる愛され行為

4章　しつけのうまい人がやっている褒め方・叱り方

5章　しつけのうまい人がトイレのしつけでやっていること

6章 しつけのうまい人は、問題行動が「できない」環境をつくる

7章　犬のしつけ、主役は飼い主！

1章　しつけのうまい人が子犬を迎えたときにやっていること

1　生後4か月までが超大事！
ワクチンが終わってなくても〝外〟を経験させる

●社会化期の重要性は、ワクチンに勝るとも劣らない！

さあ、あなたのもとに子犬がやってきました。カワイイですね！「こんなカワイイ犬を病気にさせたくない！」と思うのは、当然の飼い主ごころ。さっそく動物病院に行くと…「ワクチンが終わるまで、外に出さないでください」と言われました。「外ってそんなに怖いの!?」と驚いたかもしれません。

確かに、子犬の命を守るワクチンは大事です。ただ、そのワクチンでつくられる抗体が安定するのは、2〜3回の接種後。つまり、生後3〜4か月後です。ここで丸被りするのが、『社会化期』という子犬にとって超重要な時期です！

社会化期とは、子犬がまだ警戒心を持たず、経験したことを素直に受け入れてくれる期間です。この時期にいろいろな経験をすることで、警戒心が強まりすぎず、性格が明るくなりやすいと言われています。そう、〝性格〟が決まってしまう大事な時期なのです！

社会化期に〝外〟を経験しないと…物音を怖がったり、人を警戒したり、犬が嫌いになったり（犬なのに！）。人間社会で、と〜っても生き難い性格になってしまいます。将来、問題行動につながることもあります。

抱っこで車・音・人
いろいろなものを
見せてあげます。

●注意するのは、〝地面〟と〝他の犬〟

病気は怖い、でも、臆病な犬になってしまうのも可哀そう。では、しつけがうまい人はどうするかというと…病原体に接しないように外出する。具体的には、子犬を抱っこして散歩します。通称「抱っこ散歩」。

病原体（菌・ウイルス）はたいてい、地面か他の犬から感染します。だから、それらに直接、接しないように外出すれば、ＯＫ！

キャリーバッグやバギーでもいいですが、外に慣らすためなので、顔が出るように。その際は、子犬が飛び出さないようリードでバッグやキャリーにキッチリ繋いでおきます。

●人の〝種類〟もいろいろ経験させておく

この時期は、家族以外の〝人〟に慣らすのも重要です。子供やお年寄り、作業着の人（見慣れない服装やヘルメットなどの道具）を怖がるワンちゃん、多いです！　特に、家族のメンバーにいない年齢・性別の人を怖がる傾向が強いです。お子さん・おじいちゃん・おばあちゃんがいないご家庭、独り暮らしの方は、要注意!!　重点的に慣らしてあげましょう。

お散歩ついでに、様々な年齢層・職業の方に会わせておく（見せておく）といいですよ。もし、怖がる様子が見られたら、急に近づけげず、遠くから見せてあげてくださいね！

2　子犬の〝声〟ではなく〝行動〟に対してコミュニケーションする

●ついつい返事をしたくなるけど…

子犬が「クンクン、キャンキャン」と鳴いています。カワイイですね！「ハイハイ、なんでちゅか〜?」とお返事したくなる気持ち、物凄くわかります！　でも、ちょっと待ってください。

犬は本来、群れの仲間とは基本的に、声でのコミュニケーションはしません。声を出す＝吠えるのは、〝敵〟に対してです。これは、犬と人で全く違う習性ですので、覚えておきましょう！

鳴き声に返事をしていると、子犬は「コミュニケーションは〝声〟でするものだ」と学習してしまいます。

最初は「クンクン、キャンキャン」とカワイイ声で鳴きますが、生後5か月も過ぎてくると声帯が発達して「ワンッ！　ワンッ！」と大きな声で吠えるようになります。そして、飼い主とのコミュニケーションは〝吠え声〟でしようとします。

はい、立派な吠え犬のできあがりです。

●〝行動〟に対してリアクションする

本来、犬同士は、〝しぐさ〟や〝態度〟でコミュニケーションします。

たとえば、「あくび」は、「ちょっと緊張感が高まってきたから、リラックスしようよ」という意味です。「眠い」とか「飽きたよ」ではないんですね。

耳や体を掻くしぐさは、「敵意はないよ（だから襲わないでね）」という意味です。こういった争いを避けるためのコミュニケーション方法を「カーミングシグナル」といいます。

ほかにも、初対面の犬同士の挨拶は、お尻のニオイを嗅ぎあいます（厳密には、年上の犬から年下の犬のお尻を嗅ぐのが礼儀。子犬が大人のワンちゃんのお尻を嗅ごうとしたら、怒られることがあるのでご注意を！）。

犬は、このように〝行動〟＝ボディランゲージで意思を伝えます。

犬同士なら、群れのなかで母犬や兄弟犬からボディランゲージを学びます。でも、人間は〝声〟でコミュニケーションするので、人間側のリアクションは〝声〟です。しつけがうまい人は、子犬の〝声〟には反応せず〝行動〟に対して声をかけます。

たとえば、ご飯を全部食べたら「エライでちゅね〜！」、ペットシーツの上で排泄できたら「上手でちたね〜！」のように。あ、もちろん、赤ちゃん言葉じゃなくていいですよ（笑）。子犬の〝声〟ではなく、〝行動〟に対してリアクションすることを心がけます。

●自分の行動（リアクション）をコントロールする

でも、子犬がソファに上れずキュンキュン鳴いてる、のようなカワイイ場面に遭遇したら、思わず「どうしたの～？」なんて声をかけたくなりますよね。関西の方なら、「あがれんのかーい！」とツッコミたくなるでしょう。私も、両親が大阪出身なので、思わずツッコんでしまう衝動、痛いほどわかります（笑）。

そこをグッとこらえて、子犬の〝声〟にツッコんだら負け！　と自分に言い聞かせてください。飼い主が自分の行動（リアクション）をコントロールすることは、本書全体を通して、重要なポイントになります。

将来、お利口ワンコに育つかどうかは、飼い主が、自分の行動をコントロールできるかどうかにかかっています！

3　〝名前を呼ぶ〟のは大事にとっておく

●ついつい名前を呼んじゃうけど…

名前を呼ぶと嬉しそうにこちらに走ってくる子犬…カワイイですね！　自分でつけた名前だから親しみがあるし、ついつい、「○○ちゃん！○○ちゃん！」と連呼していませんか？

では、自分がそうされるのを想像してください。付き合い始めた恋人。初めて下の名前を呼び捨て（もしくはニックネーム）で呼び合ってラブラブ生活がスタート。恋人は、用はないけど嬉しそうに「○○♥」と呼んできます。最初は、愛されてる～と幸せな気持ちに。でも、付き合って半年たっても「○○、かわいいね！」「○○、どこ行くの？」LINEでも「○○、今なにしてる？」「○○、既読つかないんだけど」。「○○、ねぇ、○○ちゃん（君）！」

うっざ！（笑）、めちゃくちゃウザくないですか？　犬も同じです。何度も何度も名前を呼ばれると、「用事もないのにうるさいな」と思ってしまいます。そのうちに、名前の響きが、そのへんの雑音と同じように〝聞き流してもいい音〟となり、名前を呼んでも振り返りもしなくなります。

●プレシャスネームコーリング

私が主宰するパピークラス（子犬のしつけ教室）は、「名前を呼ぶ練習」＝プレシャスネームコーリングから始まります。この練習には、２つのパートがあります。

１つめは、「名前を呼んだらすぐ振り返る」トレーニング。名前を呼んだらすかさずご褒美（食べ物）を与えることで「名前の音」＝よいコトと学習させる練習です（２章レッスン参照）。

もう１つが、「名前を呼びすぎない」。しつけがうまい人は、愛犬の名前を気軽に連呼しません。もったいつけて、大事（プレシャス）に、気持ちを込めて呼びます。

●「名前」は愛犬の命を守る

お散歩のとき、リードが離れてor切れてしまった！

目の前は、車がビュンビュン走っている車道!!　そんなとき、名前を呼んでも愛犬が立ち止まらなかったら？　振り返らなかったら…？

その後の悲劇は、想像もしたくないですね。

「名前」は愛犬の命を守る〝大事（プレシャス）な音〟です。

気軽に呼びすぎて、ただの雑音にしてはいけないのです。

4 「おはよう」「ただいま」挨拶は群れの〝メンバー〟から

●愛犬への挨拶、自分からしてませんか？

朝起きて、まだ寝ている愛犬に「おはよう！」。仕事から帰ってきたら、何よりも先に愛犬に「ただいま！」。子犬の寝ぼけ顔も、喜んで迎えてくれる姿も、カワイイですもんね！

挨拶したくなる気持ち、わかります。でも、実は、犬の習性には、こんなルールがあるのはご存じですか？

●犬の群れでは、メンバーからリーダーに挨拶する

犬の習性として、「群れの挨拶は、群れのメンバー(下位のもの)からリーダー(上位のもの)にする」というルールがあります。はい、では、愛犬より先に「おはよう」「ただいま」を言う行為、愛犬はどう受け取るでしょうか？

「あ、ぼく（あたち）のほうが、エライんだね」ですね。

犬は、社会性（群れ）の動物です。上下関係は、運動部並に厳しいですよ！　犬が、自分のほうが上位（リーダー）だと思ったら、下位（メンバー）の言うことは、当然聞きません。

●挨拶は、犬がおりこうにしてから

犬の群れでの挨拶がどのように行われるかというと、下位（メンバー）から上位（リーダー、アルファともいう）に近づいて、目を合わせたり、口を舐めたり、お腹を見せたりします。

犬のしつけがうまい人は、自分から愛犬に挨拶をしません。愛犬のほうから近づいてくるのを待つ。そして、愛犬が〝落ち着いた状態〟で自分のほうを見てきたら、こちらも落ち着いた声で「おはよう」「ただいま」と声をかけます（口を舐めさせるのは、愛犬とバイ菌のやり取りをしてしまうことになり、衛生上、ものすごくよくないので、絶対に習慣化しないように！　目を合わせてくるのを挨拶としてください）。

ここで大事なのは、犬が落ち着くまで〝待つ〟こと!!　飼い主からの挨拶は、犬にとってはご褒美です。ご褒美は、おりこうにしているときにもらえるものです！

●興奮グセや分離不安につながることも

飼い主から挨拶する弊害は、群れの順位をおかしくするだけではありません。特に帰宅時は、「飼い主がいない＝寂しい」状態から一気に「飼い主が現れた！　喜び爆発!!」状態になります。喜びで興奮しているところに、「ただいま！　寂しかったね〜!!」なんて声をかけられたら、興奮はMaxです。アドレナリンがドバドバ出ている状態です。

犬は、興奮がＭａｘになると、吠えたり噛んだりします。毎日Ｍａｘ状態まで興奮させると、アドレナリンが出やすくなるため、ちょっとした刺激で興奮する落ち着かない犬、最悪、吠え犬・噛み犬に育ってしまいます。

さらに、帰宅時に「喜び爆発!!」状態になると、それまでのお留守番での寂しさが強調されて、「飼い主がいないとツライ」と感じてしまうようになります。すると、飼い主がいないことが不安になり、血が出るまで手を舐めたり、家具を破壊したりといった問題行動につながることがあります。これを分離不安といいます。

興奮グセや分離不安を防ぐためにも、挨拶の順番は、重要なポイントです！

5　ご飯の時間は狩りの時間

●毎日、運動会が開催されていませんか？

家に来たときは、まだ足取りがおぼつかなかった子犬ちゃんも、1か月もたてば、元気に走り回るようになります。毎晩、リビングをグルグル走り回って大運動会が開催される、というお話もよく聞きます。

犬種によって違いますが、犬は、生後1年で人間の18〜20歳くらいに成長します。1年間で、赤ちゃんから成人まで、一気に駆け抜けるんですね。

子犬の小さな体には、それだけ成長するパワーが溢れています。自然界での子犬の時期は、群れの仲間とじゃれあいながら、生きていくための狩りを学ぶことにパワーを使います。

でも、人間界で狩りは必要ありませんね。パワーを使い切るほどじゃれあえる仲間もいません。ということは、その分のパワーが余ります。それが、連夜の大運動会となるわけです。

●お散歩だけでは足りない

有り余るパワーを発散させるには、運動＝お散歩が1番です。「庭（ベランダ）を走らせてる」という飼い主さんもいらっしゃいますが、「家」という自分のテリトリー内での運動は、あまりパワーを消費しません。緊張しながら体を動かすことが最も気力・体力を使うので、ワクチンが終わったら、しっかり「外」をお散歩させましょう。

ただ、狩り用の体力ですから、お散歩だけでは発散しきれないことも。その分は、「食べる」ときに発散してもらいましょう！

●食器（お皿）であげるのはモッタイナイ

普通の食器（フード皿）でご飯を出すと、秒で食べきってしまいませんか？　自然界なら、食べるために狩りをしてパワーを使うのに、一瞬で食べ終わっては、全く体力が消費されません。

　しつけがうまい人は、普通の食器は使いません。「早食い防止の食器」や、転がしたり押さえたりしたら食べ物が出てくる「知育玩具」、隠した食べ物を探して食べる「ノーズワークマット」など、いろんな種類の〝食べにくい〟道具を使います。

「食べる」という、犬にとって最もテンションが上がる行為を、秒で終わらせるのはモッタイナイ！　できるだけ〝食べにくく〟して、しっかり体力を使ってもらいましょう！

知育玩具の定番「コング」
ふやかしたフードなどペースト状の食べ物を入れます。

早食い防止の食器
突起タイプより、ウネウネの迷路タイプのほうがより食べるのに時間がかかる

ノーズワークマット
ひだの間に食べ物を隠して、探しながら食べさせる。嗅覚を刺激して、脳トレにもなる。

6　お留守番の時間はグルメ＆エンターテイメント！

●子犬にとっての最初のハードル「お留守番」

カワイイカワイイ子犬がいても、月曜日はやってきます（笑）。子犬を残して仕事や学校に行くのは、後ろ髪引かれますよね。

子犬にとっても、飼い主がいなくなるのは寂しい。すると、大きな声で鳴いたり、サークルをガジガジ噛んだり、ペットシーツをビリビリにしたり…。

問題行動のオンパレードになりやすいお留守番は、飼い主と子犬に立ちはだかる最初のハードルといえます。

●お留守番を楽しませる！

では、お留守番が苦手にならないようにするには、どうするか。しつけがうまい人は、お留守番の時間が楽しくなるように工夫します。犬にとって、1番楽しいのは「ごはん」の時間。1日2～3回のごはんのうち、1回をお留守番の間に設定します。

たとえば、朝ごはんをお留守番食に設定すると…

前項で紹介した「知育玩具(ちいくがんぐ)」をいくつか用意して、それに朝ごはんを詰め、出かける直前にクレートに放り込みます。愛犬がクレートの中でそれを食べている間に、飼い主は出かけます。

知育玩具でごはんを食べ終わった犬は、適度に疲れるので、そのまま寝ます。

起きたら遊べるように、サークルには「噛むおもちゃ」(天然ゴムや木綿、木くずがトゲトゲしない木など、破片を飲み込んでも大丈夫なおもちゃ)を2・3個置いておきます。噛んで遊んだら疲れて寝ます。

そうこうしているうちに飼い主が帰宅するので、愛犬はお留守番の間、暇を持て余すことも、寂しさを感じることもあ

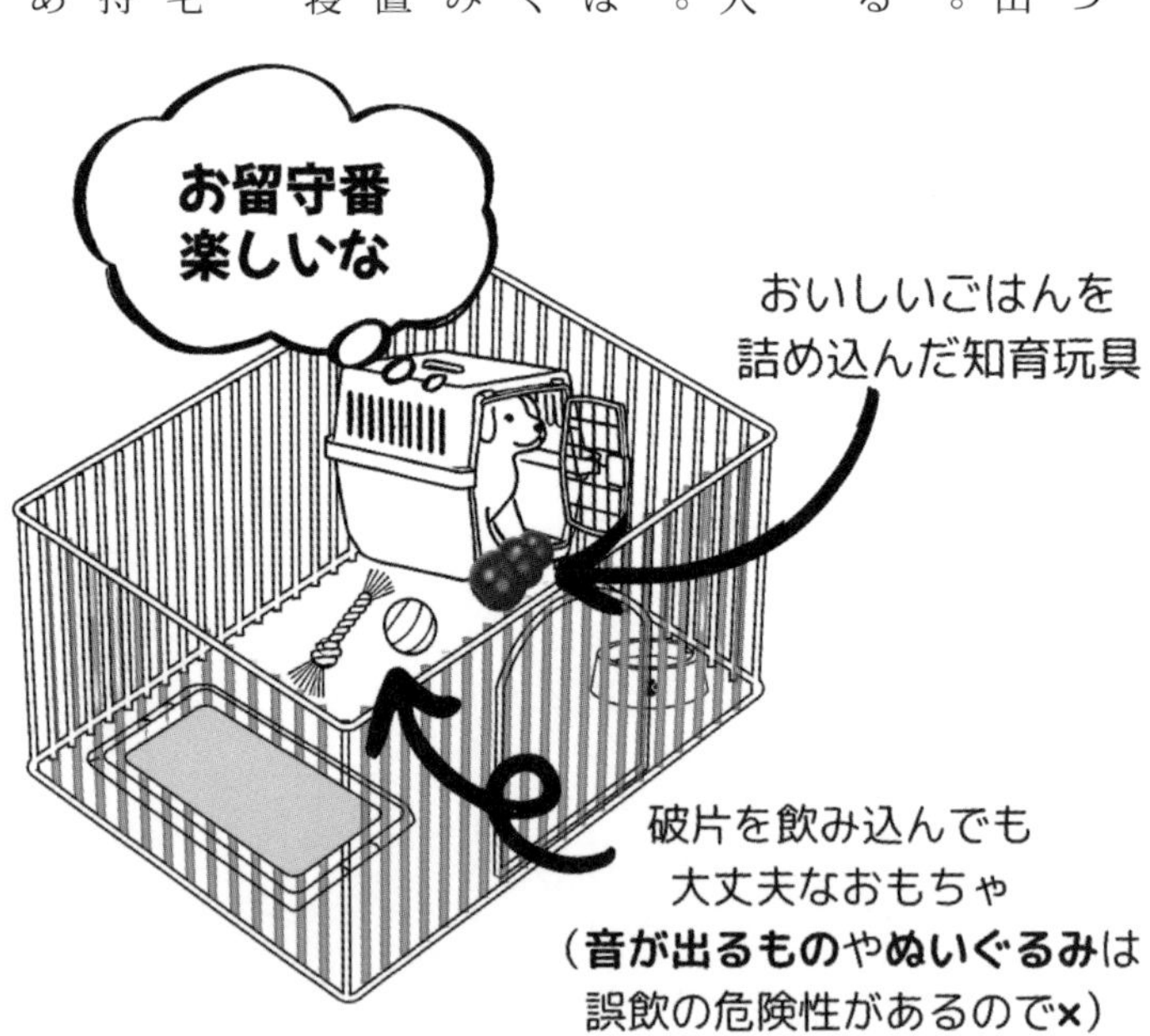
お留守番
楽しいな
おいしいごはんを
詰め込んだ知育玩具
破片を飲み込んでも
大丈夫なおもちゃ
(音が出るものやぬいぐるみは
誤飲の危険性があるので×)

りません。

お留守番の時間をいかに楽しませ、いかに疲れさせるか（笑）、飼い主の腕の見せ所です！

ただ、子犬は突拍子もないイタズラをしたり、食べ慣れないごはんだと吐いたりするので、様子を見守るWEBカメラを設置すると、より安全でしょう。

●飼い主が「いるとき」「いないとき」

飼い主が「いるとき」の楽しさと「いないとき」の寂しさの〝落差〟が大きいほど、「分離不安」になりやすくなります。1章4で触れた帰宅時の挨拶と同じくらい、飼い主が〝出かける瞬間〟も、ストレスがかかります。

この瞬間を、「ごはんを食べること」に意識を向けさせます。すると、ごはんに夢中になっている間に飼い主がいなくなっているので、〝出かける瞬間〟という大きなストレスを回避することができます。

どうしても、飼い主が「いるとき」と「いないとき」の差はできてしまいます。ただ、〝出かける瞬間〟や〝帰ってきた瞬間〟といった、「いるとき」「いないとき」の落差が生まれる瞬間を、〝ごはんを食べさせる〟〝挨拶をしない〟ことで、なだらかにすることはできます。

「いるとき」「いないとき」の差をできるだけ少なくして「分離不安」を予防しましょう！

7　犬との遊び、最初はひっぱりっこから

●信頼関係ができる遊び方、できない遊び方

子犬はパワーのカタマリです。ただでさえ体力を余らせているのに、雨や猛暑でお散歩に行けない日が続いたら、犬だって欲求不満になります。そんなときは、家の中でいいので、飼い主が思いっきり遊んであげましょう！

犬との遊び方というと、ボールを投げて「モッテコ〜イ！」というのを最初に思い浮かべるかもしれません。が、「モッテコイ」は、しつけ的にはかなり高レベルなんです。子犬のときに「モッテコイ」をやると、〝信頼関係が崩れてしまう〟ことすらあります。なぜなら、子犬にボールを追わせると、「ボールと遊んでいる」という気持ちになります。楽しいのは〝ボール〟で、飼い主はピッチングマシーンとしか認識されません（笑）。

しつけがうまい人は、子犬との遊びは「ひっぱりっこ」から始めます。長めのおもちゃを、向かい合わせで引っ張り合います。すると、飼い主と目を合わせて遊ぶことになるので、子犬は「飼い主と遊んでる」という気持ちが強くなります。飼い主＝楽しい人＝素敵！　大好き♥となって、子犬からの信頼・好意をゲットできるというわけです。

●遊びが終わるときに、飼い主をもっと好きにさせる

しつけがうまい人は、遊びの終わらせ方でも、愛犬をメロメロにします。普通の飼い主は、愛犬を喜ばせようと、飽きるまで遊んでしまいます。では、そのときの愛犬の気持ちは、どうでしょう？　犬は意外と飽きっぽいので、「さっきまで楽しかったけど、飽きた！　もうええわ！」となり、最終判定は「飼い主＝面白くない人」となります。あんなに遊んであげたのに（涙）。

しつけがうまい人は、愛犬が「うぉ〜楽しい！　もっともっと!!」という状態のときに、パッと遊びをやめます。すると、愛犬は「えっ！　今いいとこなのに!?　やめるの!?」となりますね。

このときの飼い主に対する印象は、どうなるでしょうか？「もっと遊んでほしい人＝楽しい人＝好き♥」です。遊びをやめるタイミングをちょっと〝前倒し〟するだけで、これだけ印象が変わってしまいます。

終わらせ方にもポイントがあります。引っ張り合っていたおもちゃ、これの〝持ち主〟は飼い主です。引っ張り合いのおもちゃは、愛犬の持ち物ではありません。なので、最後は、飼い主がおもちゃを持ち去るようにします。このときの愛犬からの印象は「イイモノ（おもちゃ）の持ち主、カッケー!!」です。最後におもちゃを愛犬に渡してしまったら、このリスペクトは得られません。

ただ、このとき、愛犬から無理やりおもちゃをとりあげると、飼い主を「イイモノを盗っていく人」と認識してしまいます。最後は必ず、ご褒美（食べ物）と〝交換〟することを忘れずに！

8　群れは同じ部屋で寝る

●なにが正解かわからないときは、本来の犬の習性を考える

子犬の寝床をどこにするかというのは、意外と難しい問題です。ネットや本で調べたり、ショップ店員さんやブリーダーさんに聞くと、それぞれ、言っていることが違ったりします。ハウス（サークル）はリビングに設置して夜もそこで寝かせる、とか、一緒のベッドで寝ていいとか…。

これでは「なにが正解かわからない！」となってしまいますよね。そんなとき、しつけがうまい人は、野生ではどうやって寝るのかな？　と考えます。

●一緒の部屋で寝て群れの一体感を感じさせる

犬は、自然界では土に巣穴を掘って、その中で群れ（たいてい親子）で寝ます。ということは、巣穴＝部屋は一緒のほうがいい、ですね。犬と人は別々の部屋で寝たほうがいい、という意見は、一昔前、犬を番犬として家の外で飼っていたときの名残だと思います。

今は、犬は番犬ではなく、家族＝群れの仲間です！　同じ部屋で寝ることで、子犬は群れの一体感を感じます。特に保護犬、レスキューされた犬、野犬だった、という場合は、早く群れに馴染んでもらうためにも、一緒の部屋で寝ることをおすすめします（元野犬のうちの犬(コ)がそうでした）。

夜は寝室に小さめ、昼はリビングに広めのハウス（サークル）を用意してあげるのが理想です。

●注意すべきは配置

まず、寝室が複数ある場合、できれば、家族のリーダーか、メインでお世話する人、もしくは、夜中に何かあったときにすぐ対応できる人の寝室を寝床に決めます（喧嘩しないでね！）。

部屋が決まれば、次は寝床（ハウス）の配置です。犬の群れでは、メンバー（下位）は、リーダー（上位）の足元で寝ます。なので、基本的にはベッドの足元側に設置します（図1参照）。ただ、お部屋の形状によって難しい場合は、置ける場所で構いません。

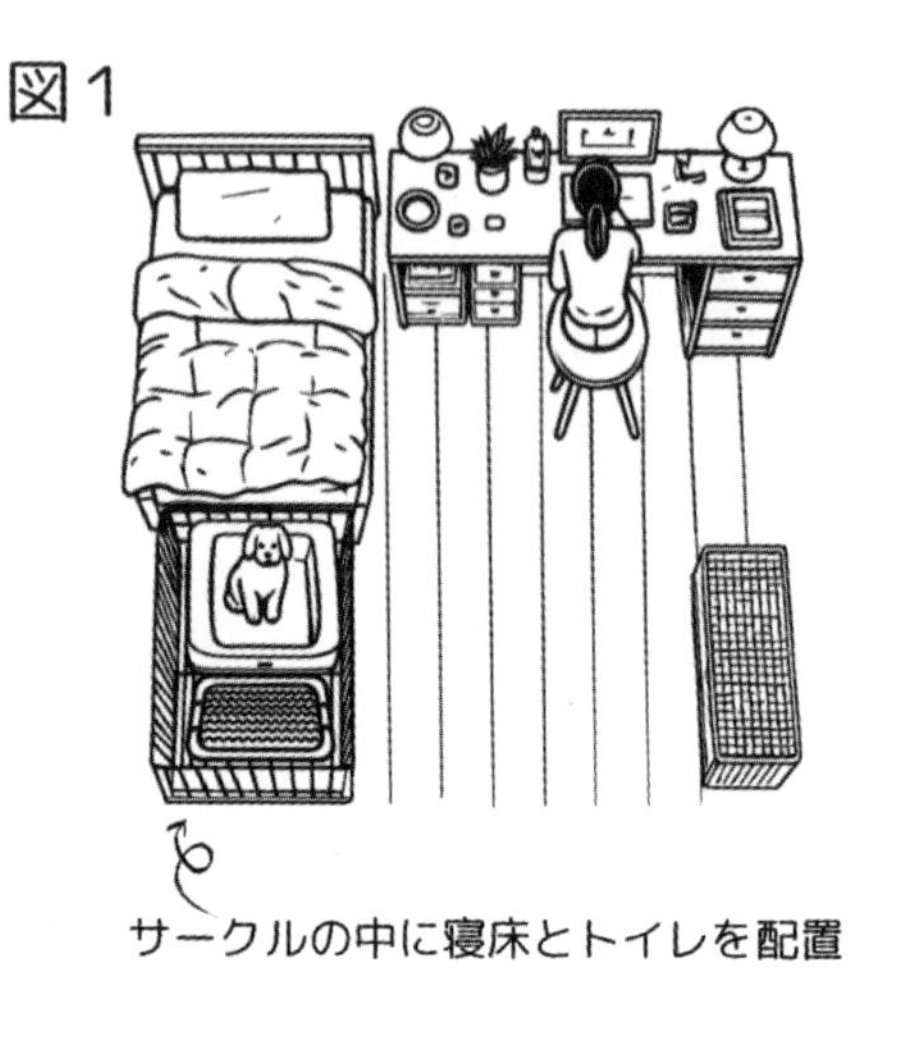

●一緒の布団で寝てもいい？

ハウスで寝ることに慣れたら（あと、トイレがちゃんとできるなら）、一緒の布団で寝てもいいと思います。自然界では、群れの仲間でくっついて寝ますから（ただし、図2参照）。

ただ人間界では、ペットホテルに預けたり、入院したり、災害で避難したりという状況になることがあります。そのとき、ハウスで寝られないととても困ります。最初から一緒の布団で寝ると、ハウスで寝ることを嫌がるようになるので、まずはハウスで寝ることに慣らしてあげましょう！

9　ほかの人や犬と遊ぶより、飼い主さんが好き♥

●社会化期にドッグランやドッグカフェに行ったほうがいい？

1章1で「社会化期（生後2か月～4か月）にいろいろな経験をするのが大事」とお伝えしました。それなら、ドッグランやドッグカフェがいいのでは、と思われるかもしれません。でも、ちょっと待ってください。

まだ愛犬との信頼関係がしっかりできていないうちは、ドッグランやカフェが、しつけの落とし穴になることがあります。

どういうことかというと、もともと社交的で元気なタイプの犬にとっては、家族以外の人や犬は刺激的で、とっても楽しい存在です。そんな存在がたくさんいるランやカフェは、まさにパラダイス！　嬉しくなって、我を忘れて人や犬と交流します。そのとき、飼い主の存在は眼中にありません。

名前を呼んでも、「オイデ！」と言っても、飼い主の元に戻ってこないかもしれません。これでは、名前や号令を〝無視〟する経験を積むだけです。飼い主の存在は、限りなく薄くなります。

また、怖がりで、人見知り犬見知りするタイプの犬にとっては、特にドッグランは、リードがついてない犬ばかりなので、急に他の犬が近寄ってきて、怖い思いをする可能性が高いです。1度怖い思いをして人嫌い犬嫌いになってしまったら、それを克服するのは至難の業です。

●社会化には、公園とパピークラスがオススメ

しつけがうまい人は、子犬の社会化練習は、公園に行きます。公園にはいろんな年齢層の人がいて、ウォーキングやランニングをしたり、子供を遊ばせたりしているので、〝遠くから眺めて慣れさせる〟練習から〝近寄って触ってもらう〟練習まで、子犬の性格・経験値に応じて調節ができます（ただし、触ってもらうのは、安全上、よく知っている人にしましょう）。

散歩をしている犬もリードに繋がれていて、ドッグランほど急に近寄ってくることがないので、犬好きの犬を興奮させることも、犬苦手の犬に怖い思いをさせることもありません。

さらに積極的に社会化練習をするなら、パピークラスを利用します。年齢・体格が近い犬と交流することで、遊びながら犬同士の付き合い方を学べますし、プロのトレーナーが見守ってくれているので安全です。

また、飼い主も一緒にしつけを学べるので、飼い主との絆も深まります。

●なによりも飼い主LOVE♥になってもらう

子犬にとって「社会化」はとても大事ですが、同時に、飼い主を大好きにさせて、信頼関係を築いておかなければ、「飼い主よりよその人・犬のほうが楽しい！　好き！」となるか、「よその人・犬、怖い！　飼い主がいても安心できない！」となってしまって、本末転倒です。

そうなると、しつけの練習をしても、家の中ではできるけど、1歩外に出たらできない犬（コ）になってしまいます。信頼関係は、しつけの土台なのです。

ここまで読んでいただいたことや、これから書いてあることを真似していただければ、子犬は、「飼い主さんがいるところが安全」「飼い主さんと一緒にいると楽しい♪嬉しい♪」と思ってくれるようになります。「よその犬や人や、美味しいおやつより、飼い主さんが好き♥」な犬（コ）に育ててあげましょう!!

《レッスン》　ハウストレーニング

子犬が家（うち）に来たその日から必要なのが、寝る練習です（笑）。場所を整えただけでは、子犬は、そこが自分の家＝くつろげる場所だとわかりません。下図を参考にハウスを配置したら、さっそくトレーニング！　その前に、各グッズの選び方をご紹介します。

○サークル（囲い）…部屋の広さ・犬の大きさに合わせて、可能な限り広いものを。トイレスペースが区切られているサークルだと尚（なお）よし。素材が木・プラスチックだと齧られる可能性が高いので、おすすめはスチール製。

○クレート…犬は本来、巣穴で寝るため、上下左右が囲まれると本能的に落ち着く。寝床には、移動にも使えるクレートが最適。ハウス内では、クレートのドアは外す。柔らかい寝床を好むので、犬用ベッドを中に入れる。

○トイレトレー…クレート（寝床）から、できるだけ遠い位置に。ペットシーツを押さえ

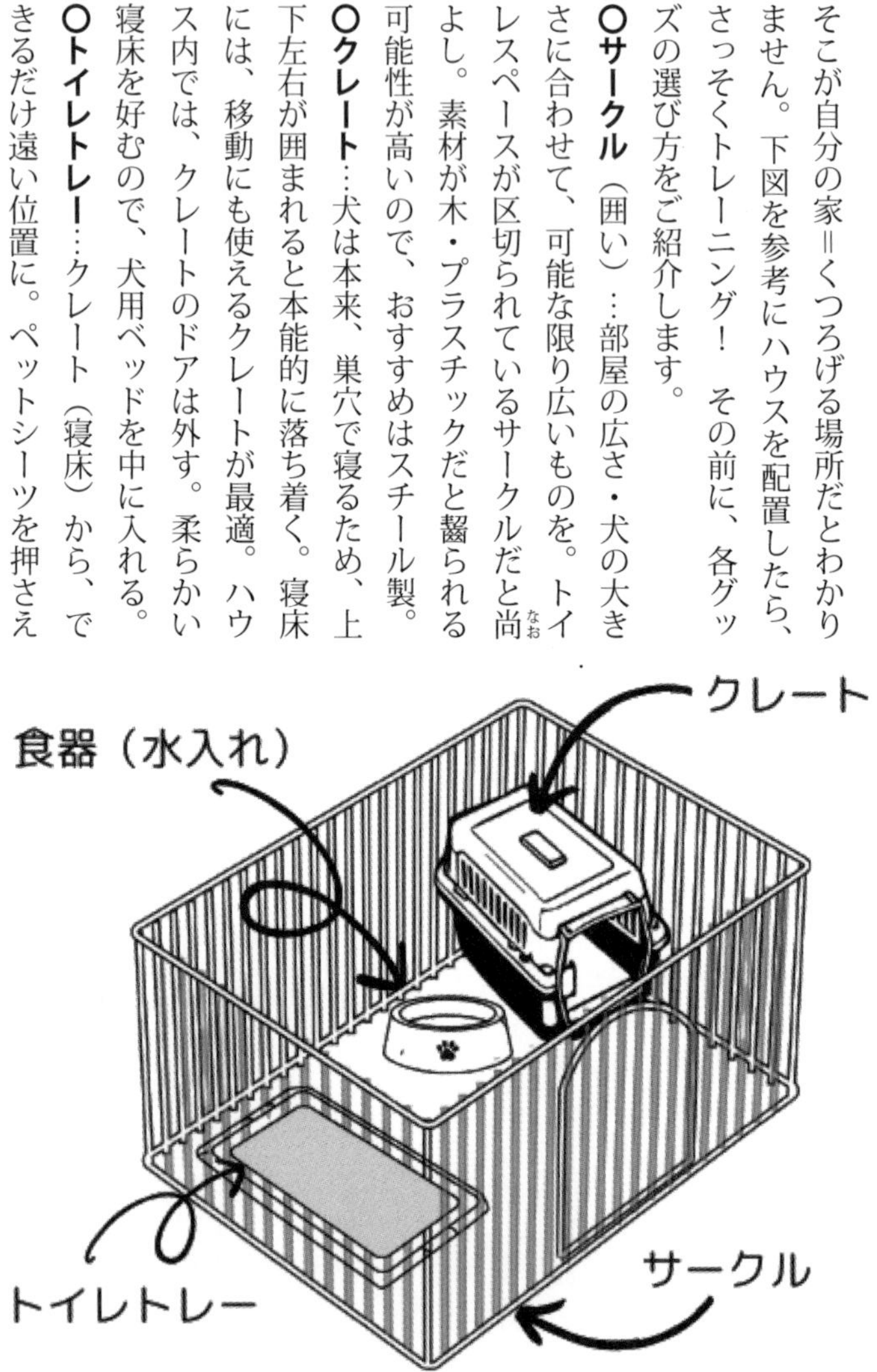

るメッシュ付きでもOK。

○食器…いつでもたっぷり水が飲めるように。衛生面では平皿が好ましいが、ひっくり返したり、留守番が長いなら給水器でも可。トイレと離して置く。

〔ハウストレーニングの手順〕

①ごはんを入れた知育玩具かおやつを用意して、それを犬に見せながら、クレートの奥に投げ入れる。

②犬が知育玩具 or おやつにつられて中に入ったら、食べ終わるまで放置。（ドアは開けたまま）

③犬が食べ物と一緒に抵抗なくクレートに入るようになったら、食べている間にそっとドアを閉じる。食べ終わったらドアを開ける。

④数日練習して、ドアを閉じても気にならなくなったら、ドアを閉じている時間を少しずつ長くする。

⑤ドアを閉じたまま中でくつろげるようになったら、食べ物を投げ入れるとき、同時に「ハウス！」と号令をかける。

※ポイント…クレート＝イイ場所と覚えてもらうために、1日2〜3回のごはんは、すべてクレートの中であげるようにしましょう！

【実例】イヤな気持ちvs飼い主への愛！〜イヤだけど、牛歩で来てくれる愛犬

●ちょっと昔ばなし

私が、人生で最も長く一緒に過ごした犬が、3年前に17歳半で虹の橋を渡ったトイプードルのミルコ（♀）です。家族の犬ではなく、初めて〝自分の〟愛犬として飼った犬（コ）です。

ミルコが生後2か月半で家（うち）に来た20年前は、「子犬の社会化」や「陽性強化」、「家庭犬のしつけ」という考え方が出始めた頃。本で勉強したばかりの「社会化」の実践のため、子犬の頃からいろんな場所やイベント、当時ブームになりつつあったドッグカ

フェに連れていきました。

ただ、私が在住する徳島県では、犬のしつけといえば「訓練」がまだまだ主流で、体重2・7kg（成犬時）の小さめプードルのミルコも、チョークチェーン（金属チェーンの首輪）をつけてバリバリの訓練を受けました。

●小さな、最高のパートナー

幸い、ミルコはもともと天真爛漫な性格だったので、バリバリの訓練も楽しそうにこなしていました。のちに、私が県外から「家庭犬のしつけ」専門のトレーナーを招聘して、徳島県で初めて「ほめる（陽性強化）しつけ教室」や「パピークラス」を開催するようになってからは、アシスタント犬として参加し、10歳を超えてもパピー（子犬）たちを先導して走りまくる元気っこでした（その頃のミルコのあだ名が、「永遠のオッパッピー」）。

そんな環境がよかったのか、猪突猛進ではありますが（笑）、明るく優しいワンコに育ってくれて、飼い主の私のことを、とっても愛してくれました。

私が仕事で疲れて横になっていたら、「大丈夫?」と顔を覗き込んで、ほっぺにスリスリしてくれたり、悲しいことがあって泣いているときは「ミルコがいるから悲しくないよ」といって、お腹のあたりに寄り添ってくれたりもしました。

●苦手意識があっても、最後は「愛が勝つ」!?

そんなミルコにも、苦手なコトがありました。当時まだ未熟なトリマーだった私や、後のスタッフの新米トリマーたちのトリミング嫌いに付き合わせたせいでしょう、大のトリミング嫌いに（涙）。そんなとき、「犬の健康には〝歯磨き〟が超重要！」といわれ始め、遅ればせながら、ミルコにも毎日歯磨きをすることにしました。

お手入れ嫌いのミルコ、歯磨きも、やらせてくれるけど好きではありません。私が「みんこ（愛称）、歯磨きしよ！」と言っても、「え〜」という顔をして近寄ってきません。さらに「み〜んこ、お願い♥」と言うと、お願いされたから行きたいという気持ちと、「ヤなんだけど〜」という気持ちがせめぎあいます。が、最終的には、牛歩のようにゆっくりゆっくりと、私の膝に来てくれていました（笑）。

子犬の頃からしっかり信頼関係を築いておけば、たとえ苦手なことでも「パパ or ママ（飼い主）が言うなら仕方ない」と受け入れてくれます。「しつけ以前に大切なのは、愛を育むこと」愛犬ミルコが、生涯をもって私に教えてくれた、大事な大事なしつけのコツです。

2章　しつけのうまい人がしつけを始めるときにやっていること

10　最初は「オスワリ」「お手」を教えない！

●「オスワリ」「お手」なんて簡単に覚えられる

愛犬が、ヨチヨチコロコロの子犬から、少し成長して元気に走り回るようになってきました。そろそろしつけを始めたほうがいいかな、と思ったとき、何から教えますか？　まずは「オスワリ」「オテ」から、と思っていませんか？

実は、犬のプロからすると、「オスワリ」「オテ」なんて30分もあれば教えられる、簡単な「芸」です。「芸」を覚えさせることは、〝しつけ〟ではありません。

●最初に教えるのは、号令(コマンド)が聞ける姿勢

「オスワリ」という動きを教えるだけなら、察しのいい犬(コ)なら10分程で覚えてしまいます。でも、その覚えた動きを、いつでもカンペキにできるかというと…？

愛犬が落ち着いていて、飼い主と向かい合った状態ならできるでしょう。でも、おもちゃで遊んでいるとき、お散歩でほかの犬に気を取られて興奮しているときだと、どうでしょう？

しつけがうまい人は、まずは愛犬を号令(コマンド)が聞ける姿勢にします。〝落ち着いて〟〝向かい合う〟状

態なら、「オスワリ」できますよね？

その姿勢にするには、「名前を呼んだら振り返る」ように練習しておく＝プレシャスネームコーリング、「愛犬から飼い主に目線を合わせる」練習をしておく＝アイコンタクト。しつけは、この2つの練習から始めます！（練習方法は章末の《レッスン》参照）

●「号令（コマンド）」は必ず〝できる〟姿勢になってから

愛犬を「号令（コマンド）が聞ける姿勢」にすることを、しつけ用語で「アテンション（集中）を取る」といいます。いろんな「号令（コマンド）」を覚えると、物凄くカワイイので（笑）、何度もやらせてみたくなります。

でも、前述のように、おもちゃや他の犬に気を取られていると、できなくなりますよね。

このとき、愛犬の中で何が起きているかというと、「号令（コマンド）を無視していい」という経験です。

オスワリ！
号令（コマンド）は、落ち着いた状態で目を合わせて
オスワリ

興奮していても「オスワリ」「オテ」という号令の〝音〟は耳に入っています。号令が聞こえてきたのに、その行動をしなかったという経験（＝失敗）を何度も繰り返すと、「号令は聞かなくてもいい」と学習していまいます。

そうならないように、飼い主は、号令をかける前に必ず愛犬の「アテンションを取る」習慣をつけましょう。

逆に言うと、愛犬が〝できない〟状態のときに号令をかけてはいけません！　それは、わざわざ失敗の経験＝いうことを聞かなくなる手助けをする行為なのです。

11　ごはんと「マテ」、ご褒美と「オスワリ」は別々に

●「マテ」はどんなときに使う？

「オスワリ」「フセ」「マテ」などの動きの号令は、犬はよく覚えてくれます。愛犬が号令で動いてくれると、ものすごくカワイイし、愛しいですよね。その姿を見たくて、ことあるごとに号令を言いたくなる気持ちもわかるのですが…。

「マテ」ができるようになったら、ごはんの前で待たせて、ヨシ！　とかＯＫ！　の合図で食べさせる、というのは普通の飼い主さんがよくやる行動です。でも、それこそ、ちょっと「マテ」です。

●それは「マテ」ではなく「お預け」

「マテ」は、〝今している行動をやめて待機しなさい〟という号令（コマンド）です。首輪が外れて走り出したとき、食べてはいけないものを食べそうになったとき、「マテ！」の号令（コマンド）をかけて、その行動をやめさせるときに使います。命を守るための号令（コマンド）なんです。決して、ごはんをガマンさせるための号令（コマンド）ではありません。

ごはんを目の前にして「マテ」をさせていると、ごはんがないと「マテ」ができない犬（コ）になってしまいます。また、「マテ」＝「このあとごはん」がパターン化してしまうと、「マテ」の号令（コマンド）でソワソワしたりヨダレが出たりするようになって、本来の「マテ」ではなくなってしまうのです。

●それは何に対するご褒美？

ほかにもやってしまいがちなのが、ご褒美の前に「オスワリ」をさせるパターン。トイレがちゃんとできた、ほかの犬

座らせなくていいから、
すぐ褒めて！

それは「マテ」ではなく
「お預け（ガマンしなさい）」

を見ても吠えずにやりすごした、そんな〝正解〟の行動をしたときは、しっかり褒める必要があるのですが、褒めるときに「オスワリ」をさせてから、ご褒美をあげる飼い主さんがいます。

犬は、自分がした行動と、その直後に起きた結果を結び付けて覚えます。せっかく〝正解〟の行動をしているのに、間に「オスワリ」を挟んでしまうと、犬は「オスワリ」したことを褒められたと認識して、その前の〝正解〟の行動のことは、記憶に残りません。

●目的・対象をハッキリさせる

なぜその号令（コマンド）を教える必要があるのか（＝目的）、何に対して褒めているのか（＝対象）がハッキリしていないと、それは単なる「芸」になってしまいます。

しつけがうまい人は、自分が愛犬に何を教えているのか、しっかり認識しています。

12　正解の行動をしたら〝よいコト〟が起こる

●〝よいコト〟が起こると次もその行動をしたくなる

前項で、〝正解〟の行動をしたら褒める、というのが出てきました。とっても大事なので、改めて詳しく説明します。犬に限らず生き物は、『不快を避けて、快を求める』という原則があります。

何か行動をしたとき、〝悪いコト＝不快〟が起これば、その行動を避けるようになります。反対に〝よいコト＝快〟が起これば、次も同じ行動をしたくなります。人間も同じですね！

足をすぐ拭かせてくれた、病院でおとなしくできた、ペットシーツでおしっこできた…愛犬がそんなおりこうさんな行動＝〝正解〟の行動をしたときに〝よいコト〟が起きれば、次もその行動をすれば〝よいコト〟が起こる、と予測するので、また〝正解〟の行動をしたくなります。

●〝よいコト〟が起きる準備をしておく

犬にとって1番わかりやすい〝よいコト〟は、「（美味しい）食べ物」です。おしっこがちゃんとできた、病院でおりこうさんだった、そんな〝正解〟の行動をしたときに、必ず〝よいコト〟が起こるように、飼い主は予め用意しておきましょう！

トイレスペースのすぐ横、玄関先（足ふきなどのお手入れをする場所）、おでかけバッグの取り出しやすいポケットに、愛犬が喜ぶ食べ物を用意しておきます（次ページのイラスト参照）。いつ〝正解〟の行動が出ても、即、対応きるように、〝いつもある〟〝すぐ取れる〟ようにしておくのがポイントです。

また、食べ物を準備するだけじゃなく、愛犬が〝正解〟の行動をしたら、即、褒めて、用意したご褒美に手が伸びるように、飼い主さんは、〝心の準備〟をしておいてくださいね！

●正解の行動を見たら脊髄反射で褒める

しつけがうまい人は、愛犬が〝正解〟の行動をしたら、一拍もおかずに褒めます。しつけの本などにはよく「3秒以内に褒めないと、なにを褒められたかわからなくなる」と書いていますが、3秒もかけません。

〝正解〟の行動を見かけたら、脊髄反射で（なにも考えず自動的に）褒められるように、日ごろから練習しておきましょう！

練習には、章末の「アイコンタクト」が最適。飼い主は、愛犬と目が合った瞬間に褒めないといけないので、褒めるための反射神経トレーニングになります！

蓋がすぐ開けられる
ガラス容器がオススメ。
100円均一にあります！

ウェストポーチは片手が
空くので便利。
ご褒美が取り出しやすい
専用品もあります。

13 「なにもしてない」を褒める

●〝正解〟の行動とは「なにもしていない」こと

前項で、〝正解〟の行動をしたときにすかさず褒めると、次も同じ行動をしやすくなると説明しました。私たち飼い主にとって、犬の〝正解〟の行動ってなんでしょう？　お客さんが来ても落ち着いていられる、玄関チャイム（インターホン）や電話が鳴っても吠えない、ブラッシングや歯磨きをおとなしくやらせてくれる…これって、「すごくおりこうさんに〝してる〟！」と思いますよね。

では、その瞬間、犬は〝なにをしてる〟でしょうか？…「なにもしてない」ですね。おりこうさんにしてくれているとき、犬は、なにか行動しているわけではありません。でも、それが〝正解〟＝飼い主が望む行動ですよね？　褒めるのは、その「なにもしてない」瞬間です。

多くの飼い主さんは、愛犬が「なにもしてない」から、その瞬間が〝褒めタイミング〟だと気づきません。おりこうさんになるチャンスを逃してしまっているのです。

●「ダメなところ」に注目しがち

吠える、イタズラする、噛む…といった動きのある行動に、目が向いていませんか？　そして、「ダ

メ！」や「コラ！」といったリアクションをしてないでしょうか？（リアクションについては次項で詳しく説明します）

しつけがうまい人は、犬は、褒められる・よいコトがあると、その行動をしやすくなる（＝強化される）という習性を知っているので、強化したい（次もそうしてほしい）行動は褒めて、強化したくない（やってほしくない）行動にはリアクションしません。

おりこうさんな状態＝「なにもしていない」瞬間が最高の〝褒めタイミング〟なのです。

上手に
すれ違えたね！
ブラッシング、
おりこうさんだね！
ピンポーン
おとなしくできて
エライね！

●「～する」より「～しない」が難しい

「オスワリ」や「フセ」をさせるのは、難しいことではありません。何かをさせるより、させないほうが圧倒的に難しいのです。吠える犬を吠え〝させない〟ようにする、興奮する犬を興奮〝させない〟ようにする、噛む犬を噛ませ〝ない〟ようにする…などなど。

だから、「ダメなところ」じゃなく、「なにもしてない」＝「〝正解〟の行動ができている」ことに、しっかり目を向けるようにしましょうね！

14 「リアクション」「ノーリアクション」ゲーム

●犬の心理は、とにかくウケたい若手芸人

「〝なにもしてないことを褒める〟って言うけど、悪いことをしてたら、〝ダメ！〟って言ったほうがいいんじゃないの？」と思われるかもしれません。

犬は、なにか行動をしたときに〝よいコト〟が起きたら、次もその行動をしやすくなります。これを『陽性強化』といいます。

逆に、〝悪いコト〟が起きたら、その行動はしないようになります。これは『陰性強化』といいます。

犬にとって〝悪いコト〟は、「命の危険を感じること」です。命が脅かされると感じるのは、痛い、怖い、不快なときです。では、飼い主からの「ダメッ！」は、「命を脅かす」でしょうか？

ここで、犬の気持ちを想像してみましょう。飼い主の目を盗んで、噛み心地のよいダイニングテーブルの足をガジガジ噛んでいます。「この木に歯が入っていく感じ、サイコー！」なんて思いながら無心に噛んでたら、それに気づいた飼い主が「なにやってるの!?　ダメッ！」と大声をあげる…「ウケた！　これ噛んでたら、飼い主がツッコんでくれた！　やっぱりテーブルの足、サイコー!!」はい、命の危険は感じられないですね（笑）。

●「リアクション」は最大のご褒美

犬は、社会性（群れ）の動物で、基本的に遊び好きなので、仲間にウケることが大好きです。

「命が脅かされる」ことのない大声は、飼い主がリアクションした＝ウケたとなり、『陰性強化』ではなく『陽性強化』、つまり、ご褒美になってしまうのです。

してほしくない行動に〝リアクション〟することは、たとえ「ダメッ」「コラッ」でも、その行動を『強化』すると心に刻みましょう！

●「リアクション」「ノーリアクション」のシューティングゲーム

しつけがうまい人は、愛犬に声をかける＝リアクションするのは〝イイコ〟のときだけ、という習慣ができています。でも、普通は、愛犬がイタズラや粗相など、してほしくないことをしているのが目に飛び込んできたら、思わず声が出てしまいますよね。そんな場面でリアクションしないって、難しいな～と思われるかもしれません。

そこで、ゾンビは撃つけど、生きてる人間は撃たないシューティングゲームを思い出してください（したことあります？）。あなたが撃つのは『声（リアクション）』です。

犬のしつけは、愛犬が〝イイコ〟のときに撃つ＝リアクションする、〝悪いコ〟のときは撃たない＝ノーリアクション、というゲームだと思ってみてください！　〝悪いコ〟のときに声をかけたら、あなたのしつけレベルが1ポイント下がります（笑）。〝イイコ〟のときを見逃さずにリアクション（褒める・声をかける）して、自分のしつけレベルをどんどん上げていきましょう！

15 「オスワリ」「フセ」のゴールは“いつでも”“どこでも”できる

●家の中でできるのは当たり前

しつけ相談やレッスンのとき、「オスワリ（スワレ）」「フセ」はできますか？ と聞いたら、たいていの飼い主さんができますとおっしゃいます。で、実際にやっていただくと…「アレ？ 家ではできるんですけど…」「おやつがないとムリ…」なんてことがあります。

2章の10で説明したように、犬が「オスワリ」や「フセ」の動きをちゃんと覚えていれば、飼い主に集中（アテンション）すればできるはずです。でも、犬にとって「家＝テリトリー」の外というのは、人間の想像以上に刺激が強いものです。飼い主さんよりも、周囲のことが気になってしまって、集中できない、もしくは、おやつがないとやる気がでない、というわけです。

●なんのために「オスワリ」「フセ」をするのか

なぜ、「オスワリ（スワレ）」や「フセ」、「マテ」、「オイデ」といった号令（コマンド）を教えるのでしょう？

それは、愛犬の身を守るためです。

犬は、リラックスすると座り、もっとリラックスすると伏せます。この習性を利用して、座る姿勢や伏せる姿勢をさせることによって、「今はリラックス（おとなしく）する時間だよ」と伝えるのが号令（コマンド）です。また、犬にこれらの姿勢をとらせることで、気持ちをリラックスさせることができます。

リラックス（おとなしく）することで、周りの犬（時には人も）から、敵視されることがなくなり、さらに、愛犬自身も周りの刺激が気にならなくなり、安全に過ごせるようになります。

また、愛犬が家や車から飛び出したり、リードや首輪が壊れていたりしたときに、咄嗟に「マテ」「オイデ」ができれば、事故が防げますよね。

● 〝いつでも〟〝どこでも〟練習する

しつけがうまい人は、食べ物を見せなくても、周りがどんなに騒がしくても、愛犬が号令（コマンド）を聞けるように練習します。そう！　あらかじめ練習しておかないと、咄嗟のときにできないんですよ！

（食べ物ナシのコツは4章の29参照）

お出かけ先で、ドッグランで、小学校の校庭の横で…「アイコンタクト（2章レッスン）」1回でいいので、出かける度に練習してみましょう。愛犬が、いつでもどこでも飼い主に集中（アテンション）できるようになれば、咄嗟のときに号令（コマンド）に反応してくれるようになります。

●ハードルは徐々に上げる

といっても、いきなり外で練習するのは、ハードル上げすぎです（笑）。まずは、「アイコンタクト」を、家の中でカンペキにできるようにしましょう。それから玄関先で。次は、いつも行く公園で。その次は、初めての場所で、という感じで、少しずつステップアップしていきます。

「アイコンタクト」ができるようになったら「オスワリ」、「オスワリ」ができるようになったら「フセ」と、ハードルは徐々に上げて練習していきましょう！

最終的に、〝いつでも〟〝どこでも〟号令が聞ける状態になるのがゴールです！

16　号令は一発で決める！

●号令を連呼すると…

ペット同伴ＯＫのカフェなどに行くと、ほかの犬に向かっていこうとしている犬や、興奮して吠えちゃってる犬に、飼い主さんが「オスワリ！　オスワリ！　ほら、もう、オスワリして！」と号令を連呼しているシーンに出くわすことがあります。

渋々オスワリする犬もいますが、たいていは、犬を連れて外に出たり、車に撤収したりと、飼い主さんが根負けしてしまうことが多いように見受けられます。

1章の3の〝名前の連呼〟と同じで、号令（コマンド）も、連呼すると〝聞き流していい音〟と認識されます。すると、「号令（コマンド）を無視する」経験を積んでしまって、どんどん言うことをきかない犬（コ）になります。

●知らないうちに「うるさい飼い主」になっている罠

号令（コマンド）を〝聞き流していい音〟と愛犬が認識していることに、飼い主が気づかないと、何度も何度も号令（コマンド）をかけてしまいます。最終的には、飼い主のほうに、何度も号令（コマンド）をかけるクセがついてしまいます。ご本人は一生懸命だし、無意識（クセ）なので、周りからの「犬より飼い主のほうがうるさいよ」という視線に気づけません（涙）。

そんな罠にハマらないためにも、号令（コマンド）は、一発で決められるように練習しましょう！

●一発で決めるためには

しつけがうまい人は、初めて号令（コマンド）を教えるそのときから、1度号令（コマンド）をかけたら、〝必ずそれをさせる〟ように練習します。

たとえば、「オスワリ（スワレ）」。いろいろな教え方がありますが、私がよくやるのは、犬の鼻の前でご褒美（おやつ）を見せ、ご褒美を持った手をゆっくり犬の頭のほうに動かして、オスワリの形に持っていく方法です（「誘導」といいます）。

「誘導」でオスワリができるようになったら、次に号令で
できるように練習します。

号令だけでオスワリできるようになっても、ほかに気を取られたりして、できないことがあります。そのときに、もう1度「オスワリ」と言うのではなく、手を動かして「誘導」でオスワリさせます。そうすることで犬は、「オスワリ」という音が聞こえたら、必ずオスワリしなくちゃいけないんだな、と学習できるのです。

●練習は飽きる前にやめる

犬の集中力は、そう長くは続きません。もって5分です。延々と練習すると、犬は飽きてしまって、これまた「号令無視」の原因になります。

号令の練習は、愛犬が集中している間に、数回成功させたら、パッと終わらせましょう。

このとき、絶対に「失敗」で終わらないようにします（次項で詳しく）。犬が練習に飽きてしまうと、成功で終わらせるのが、難しくなってしまいます。練習を短く済ますのも、号令を1発で決めるコツです！

17 最後は必ず「成功」で！

●練習の最後は必ず「成功」で終わらせる

しつけ教室で習ったり、YouTubeを見たりして、「このトレーニングやってみよう！」と練習を始めることがあると思います。練習するときは、簡単なこと、確実にできることから始めて、徐々に難易度(ハードル)をあげていきますよね。

ここで注意してほしいのが、〝徐々に〟ハードルを上げることと、ハードルを上げて失敗したら、すぐにハードルを下げて〝やり直す〟、ということです。

具体的にどうするかというと、この章末でご紹介している「アイコンタクト」というトレーニング。最初は愛犬と目が合ったら、即、褒めてご褒美（食べ物）をあげます。それができるようになったら、今度は3秒間見つめ合います。3秒ができたら5秒、5秒できたら10秒、と徐々に長くしていきます。

家の中で10秒できるようになったら、次は、玄関先で1秒からまた時間を延ばしていく。玄関先でできたら、いつもの公園で…という感じでハードルを上げていきます。

この、ハードルを上げたとき、たとえば、5秒できたから次は10秒に挑戦！というとき。8秒で愛犬がよそ見したとしたら、もう1度やり直して、今度は7秒に挑戦します。成功したら、その日の練習は終わりです。もし、7秒でも失敗したら、5秒やって練習は終わりです。最後は、必ず「成功」させて終わらせます。

●「できなくていい」と思わせない

もし、10秒チャレンジを失敗した時点で練習を終えてしまったら、愛犬の記憶には「できなかった」ことが1番強く残ります。それが続くと、愛犬は「アイコンタクトって、できなくてもいいんだ」と思ってしまいます。

そう思わせないためには、上げたハードルは、いつでも下げて構いません！　失敗したら、もう1度同じチャレンジをするのではなく、成功できるレベルまで下げてあげましょう。

よくできたね！
エライね！

褒めてもらって
嬉しいワン♥

●「嬉しい」記憶でいっぱいにしてあげる♥

しつけがうまい人は、愛犬が「成功」したら、心から喜んで「グッド!!」「イイコ!!」と褒めます。それは、愛犬にとっても、すごく嬉しいことなんです。人間も同じですが、一連の行動の中で1番最後に起こったことが、1番記憶に残ります。その1番記憶に残る最後の記憶を「嬉しい！」にしてあげたら、愛犬は練習を楽しいと思うし、明日もやりたい！　と思ってくれます。

練習の最後を「成功」で終わらせることは、愛犬の記憶を「嬉しい！」で満たしてあげることなのです♥

《レッスン》プレシャスネームコーリング

●名前を呼んだら必ず振り返るようになる練習

1章から度々ご紹介している『プレシャスネームコーリング』。愛犬に「名前＝よいコト」と覚えてもらって、名前を呼んだら、必ず振り返るようにする練習です。といっても、練習自体は、とってもカンタン！　ただ、カンタンなだけに、名前の呼び方・ご褒美をあげるタイミング・ご褒美をあげる位置などにコツがあります。次ページの練習の手順（写真）のあとに、コツを解説していますので、そちらを読んでから練習してみてくださいね。

①ご褒美を５粒用意して、片手に１粒、もう一方の手に４粒持ちます。
※粒の大きさは
　３～５㎜角くらい。

②愛犬の近くで名前を呼びます。高めのトーンで、ハッキリと、楽しそうに！

③名前を呼んだら、すかさずご褒美を１粒愛犬の口元に出して食べさせます。

④これを５回繰り返します。

※本書の196頁にトレーニング動画のQRコード・URLを掲載しているので、参考にしてください。

これは、愛犬が、自分の名前の『音』が聞こえたら〝よいコト〟があるという経験をたくさんすることで、「名前＝よいコト」と認識するようになる練習です。

●練習するときのコツ

①ご褒美には、直径5㎜以内の愛犬が好きな食べ物を用意します。ドッグフードを喜んで食べるなら、ドッグフードでＯＫ！　1日に食べるフードから5粒取り出せば、食べすぎになる心配もありません。フード以外のおやつの場合は、食べた分、ごはん（主食）の量を調整しましょう。

②名前を呼ぶとき、愛犬はどこを向いていても、どんな格好をしていても構いません。楽しそうに、語尾を上げて⤴呼びましょう。決して、軍隊の点呼のような呼び方はしないように！

③名前を呼んだら0・5秒以内に（体感です）愛犬が4つ足を床について食べられる位置にご褒美を出してください（愛犬が後ろ足で立ち上がるような位置でご褒美を与えていると、飛びつきグセがつきます）。そっぽを向いているなら、向いているほうに近づいて、口元でご褒美を出します。

※もし、ご褒美をパクっと喜んで食べない場合は、喜んで食べるものに変更してください。「これ食べなさい！」などと強要しないように！

※名前の「音」＝よいコトという関連をつくる練習なので、飼い主のほうを向く必要も、オスワリの姿勢にする必要もありません!!　「音」を発したら、即、ご褒美をあげてください。

④ 名前呼び5回で1セットです。これを1日1～2セット、それ以上は練習しないでください！
※ 大事なことなので何度も言いますが（笑）、普段から、名前を呼びすぎないように注意‼

《レッスン》アイコンタクト

●一石三鳥の万能トレーニング！

1章の4で、犬の群れでの挨拶の仕方をご紹介しました。それと同じように、群れのメンバーは、リーダーに「今日はなにをするの？」「どこへ狩りに行くの？」と、目を合わせて尋ねます。この習性を、人間との群れ（家族）に取り入れるのが、『アイコンタクト』です。愛犬のほうから、飼い主に目を合わせてくることで、愛犬は「自分は群れのメンバーで、飼い主さんはリーダーなんだね」と自覚できるようになります。

また、『アイコンタクト』は、犬にとってコミュニケーション方法＝ボディランゲージの1つです。目線でコミュニケーションする方法を覚えれば、「（吠え）声」でコミュニケーションする必要がなくなります。〝吠えて〟訴える機会を、グッと減らすことができます。

さらに、『アイコンタクト』の練習では、愛犬と目が合った〝瞬間〟に「褒め言葉」を言って、ご褒美をあげます。〝脊髄反射で褒める〟練習としても最適なんです！

①片手に1粒ご褒美を持って、愛犬の鼻先に近づけます。
（この時点では見せるだけ）

②ご褒美を持った手を、ゆっくり自分のアゴ下に持ってきます。
愛犬が、ご褒美を目で追えるように！

③愛犬の目線が上がって、自分の目とあった瞬間、すかさず褒め言葉を言って、手に持ったご褒美を与えます。

※本書の196頁トレーニング動画のQRコード・URLを掲載しているので、参考にしてください。

犬が飼い主を見上げるだけ、というごく簡単な動作ですが、すごく大事なポイントが詰まっています。

と同時に、上手にやれば、愛犬も飼い主さんも、とっても楽しめるトレーニングです！

●練習するときのコツ

①ステップ②で、愛犬が目で追いたくなるご褒美を用意してください。

②愛犬の鼻先にある手を自分のアゴ下まで持ち上げる、という動作ですが、愛犬と目を合わせようとして、自分の頭が下がってしまう（腰を曲げてしまう）飼い主さんが多いです。愛犬から目線を合わせる練習なので、自分から合わせにいかないように！　また、これは、愛犬が自ら飼い主と目を合わせる練習なので、名前を呼んで気を引いたり、オスワリをさせたりする必要はありません。

※小型犬の場合、飼い主が立った状態だと、見上げる距離が長いので、途中でそっぽを向く可能性が高くなります。最初は、ソファなどに座った状態から練習をスタートしましょう。

③〝目が合った瞬間〟に褒め言葉が言えるように、心の準備をしておきましょう。誉め言葉は「グッド」でも「イイコ」でも、言いやすい言葉で構いません。

※なかなか目が合わない場合は、愛犬の顔が上がった瞬間に褒めるようにしてください。

※すぐに目が合うようになったら、次は3秒間維持してから褒める&ご褒美、3秒できたら5秒、10秒と延ばしてみましょう。飼い主が座った状態からのスタートなら、次は、立った状態で。立った状態で家の中でできるようになったら、次は、外で座った状態&0秒から練習しましょう！

※大事なことなので何度も言いますが（笑）、最後は成功して終わらせるように！（2章17参照）

【実例】ご褒美は「ドアを開けること」

●陰キャ（笑）な愛犬ニコラ

2024年現在の私の愛犬は、動物愛護センターで譲渡していただいた雑種のニコラ（13歳・♂）です。生後2か月くらいの頃、どこかのお宅の前に捨てられていたそうで、親犬の素性はわかりません。

幼犬で保護されたので、野良犬経験はほとんどないと思いますが、両親のどちらかは野犬かなと推測する程度には、怖がりな犬です。

先住犬のミルコ（1章実例参照）とは対照的に、ちょっ

と陰キャな（笑）、でも、そんなところがとっても愛おしい、カワイイ我が犬です。

●「お散歩に行くにはどうしたらいいか」を考えさせる

ニコラが大好きなのが、お散歩、というか、全速力で走ること（陰キャのクセに・笑）。最初は、玄関のドアから飛び出していました。もちろん、危険です。さらに、興奮した状態でお散歩をスタートすると、どんどん興奮が高まって、リードを引っ張り倒してゼィゼィする…ということになります。なので、ドアから飛び出さないように、そして、お散歩前に一旦、落ち着けるように、しつけをしました。どんなトレーニングをしたと思いますか？

その方法は…「飼い主（私or夫）がドアの前で立ち止まる」これだけです（笑）。

まず、「お散歩、嬉し〜い!!」と大興奮しているニコラのリードを短く持ちます。これで大きく動けないので、正解の行動が出やすくなります。次に、玄関ドアの前で立ち止まり、そのままじっとしています。すると、ニコラは「どうしたらお散歩に行けるんだろう？」と考え始めます。ドアをカリカリしたり、飼い主の足を踏んでみたり（笑）。思いつくいろんなことをするのですが、不正解のときは、飼い主はノーリアクション。

「ん〜、じゃあこれは？」とオスワリの姿勢になったら、すかさずドアを開けて、私（or夫）が外にでます。オスワリが〝正解〟の行動で、ドアを開けるのが〝ご褒美〟です。

●「しつけがうまい人」になりきれば、どんなキャラ（性格）の犬も、おりこうになれる！

この「飼い主が立ち止まるだけ」のトレーニングには、いろいろな要素が詰め込まれています。

○〝正解〟の行動（＝オスワリ）をしたら、よいコト（＝散歩）がある（2章12）
○興奮を鎮めるために、自らオスワリ＝リラックスの姿勢をとらせる（2章15参照）
○いつ・どこに行くかを決めるのはリーダーなので、飼い主が先に玄関を出る（1章4）
○食べ物以外でもご褒美になる（3章21）
○〝正解〟を自分の頭で考えさせる（4章30）

「犬のしつけ」と聞くと、レッスンに通ってたくさんトレーニングしなくちゃ、というイメージがあるかもしれません。実際はそんなことなく、コツさえ掴めば、普通の生活の延長線上で、練習できることがたくさんあります。

本書でご紹介しているコツを真似れば、興奮ワンコだって、陰キャ犬だって（笑）、おりこうになれます！　ぜひ、本書の真似をして、「しつけがうまい人」になりきってみてください♪

【コラム①】「保護犬」という選択肢

●保護犬を迎えるにあたって

犬を飼おう！　と思ったとき。最近では、たくさんのボランティアさんや、各都道府県の動物愛護センターさんなどのご尽力で、「保護犬」という選択肢も一般的になってきました。私も、某テレビ番組で、元ジャ○ーズタレントの方と、保護犬トリミングをしたことがあります（笑）。

一言で「保護犬」といっても、その経緯によって、飼い方の難易度が変わります。保護犬のトリミングやしつけ相談の機会も多かったので、そのときに感じた、保護のパターン別、飼い方の注意点をお伝えしておこうと思います（1頭1頭違うのであくまで目安です。参考程度に！）。

●保護の経緯別・飼い方の注意点
①やむを得ない事情で手放された犬 難易度：０～☆ 元の家庭で標準的な飼われ方をしていれば、普通の犬と同じ接し方でOK。
②子犬の捨て犬 飼い犬の仔の場合…難易度：０～☆ 野犬の仔の場合…難易度：☆～☆☆ 飼い犬の仔なら普通の接し方でOK。野犬の仔だと警戒心が強いことがあるので、社会化を重点的にやりましょう。
③飼育放棄された犬 難易度：☆～☆☆☆ 噛む・吠えるなどの問題がありがち。それを覚悟して、家庭犬トレーナーと相談しながら、しっかり安全と愛情を与えましょう。
④ブリーダー崩壊からレスキューされた犬難易度：☆☆～☆☆☆☆ 外が怖い、愛情を異常に求めるなど、独特な問題があることが多い。体が弱いことも。
⑤野犬の成犬 難易度：☆☆☆～☆☆☆☆☆ 警戒心が強く、人慣らしするのが大変なことも。野犬に慣れたトレーナーと相談しつつ、焦らず少しずつ信頼してもらえるように。
※虐待や長い間放浪したなど、過酷な経験をした犬・・・難易度：∞ 必ずプロ（トレーナー・獣医）と相談しながら、相当な覚悟をもって迎えてください。

3章　しつけのうまい人がやっている愛犬がメロメロになる愛され行為

18　愛情の前に、命が守られてる安心感を与える

●本当に求めているものを満たしてあげる

私も20年間、経営をしているので、それなりにマーケティング（お客さまに来てもらう）の勉強はしています。基本的に、お客さまの不安・不満・不便を解消して、楽しい未来をご提供すれば、喜んで購入してくれて、お店のファンになってくれます。これって、ワンちゃんも同じです。

本当に求めているものを満たしてあげれば、犬は、自然と飼い主を大好きになります。では、犬が本当に求めているものとはなんでしょう？…それは、『命の安全』です。

犬は、本能的に、命が危険にさらされることを嫌います。命の危険を感じるのは、痛み・恐怖です。痛みや恐怖を極力与えないこと（6章45・46参照）が、命が守られていると思う第一条件です。そして、危険がなくなれば、次に求めるのは、安全です。

●衣食住足りて愛を知る

「衣食足りて礼節を知る」といいますが、犬の場合は「衣食住足りて愛を知る」となるように思います。

3章 しつけのうまい人がやっている愛犬がメロメロになる愛され行為

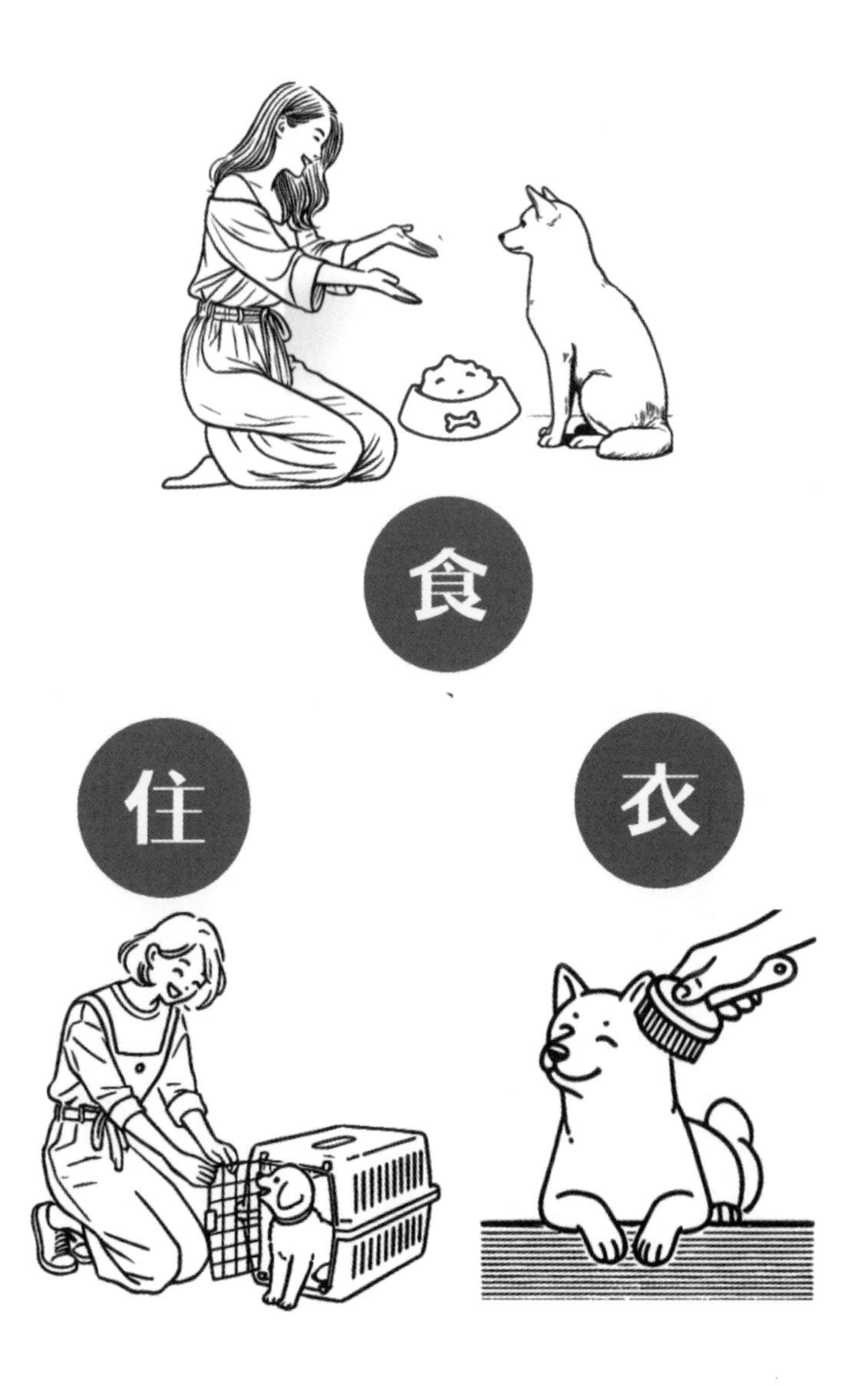

「衣」は、犬の場合は毛、ですね。適度に清潔を保ってあげることで、病気から守ることができます。

「食」は当然、ないと生きていけませんし、犬が大好きなことです。また、よい「食」は、愛犬を元気にも、賢くもします（3章25）。

「住」は、家＝テリトリーですね。テリトリーの安全は、食と同じくらいの重要事項です。飼い主がテリトリーを安全に保てないと判断したら、ワンちゃんは、自らテリトリーを守る（吠える・噛む）ことになります。

「衣食住」が満たされる＝安全に暮らせるということなので、その〝安全〟を確保してくれる存在に愛情を感じるのは、当然です。

逆に言うと、そこが満たされていないと、いくら優しい声をかけたり、おやつをあげたり、撫でたりしても、愛犬からの愛は返ってこないということです。

●口先だけの愛より〝安心〟できる暮らし

しつけがうまい人は、好きな気持ちを伝えるよりも、「衣食住」を整えることを優先します。人間だって、「愛してるよ」って言われるより、朝ゴミを出してくれるほうが嬉しいですよね（そうでもない?）。

もし、今、あなたが愛犬の問題行動で困っているなら、1度「衣食住」が安全に整っているか、見直してみてください。すると、見えてなかった意外な不満・不安が見えてくるかもしれません。

19 追いかけるのではなく、追いかけさせる

●「捕まえられるものなら捕まえてごらん」をやられてませんか？

サンダルを片手に持った白いワンピースの彼女が、砂浜を駆けていく…私の中の小悪魔な女の子のイメージなんですが…古いですか？（笑）。彼女を追いかける彼は、楽しいでしょうが、この2人、主導権はどちらにあると思います？　どちらのほうが、より相手に惚れてるでしょうか？

まあ、男女の仲はいろいろあるので（？）確定はできませんが、おそらく、逃げている彼女のほうが主導権を持っていて、追いかける彼のほうが惚れているでしょうね。

では、このシチュエーションはどうでしょうか？

靴下をくわえた愛犬、「コラー！」と追いかける飼い主。この場合、飼い主は怒っているつもりでしょうが、犬のほうは「捕まえられるものなら、捕まえてごらん♪」つまり、サンダル片手に逃げる小悪魔な彼女の気分そのものです。

飼い主が追いかけてくれるんだから、愛犬からしたら「どうせあなた（飼い主）は、あたし（オレ）に惚れてるでしょ？（だろ？）」ってなもんです。

●追いかけるほうが燃える

しつけがうまい人は、そもそも、靴下を盗られない環境設定をしますし（6章41参照）、靴下を咥（くわ）えられても、「アウト」の号令（コマンド）で離させることはできます。それだと話がすすまないので、仮に、油断した隙に、愛犬が靴下を持って逃げたとします。そんなときでも、犬を追いかけることはしません。

どうするかというと、「名前を呼ぶ↓すごく好きなご褒美を見せる↓愛犬が駆け寄ってきたら、ご褒美と靴下を交換する」。これで、愛犬を追いかけることなく、靴下を返してもらうことができます。

ご褒美を見せてもこっちに来ない場合は、ご褒美を持ったまま後ずさる、もしくは、ご褒美を持って**逃げます**。要は、愛犬のほうから〝追いかけたくなる〟行動をします。

人間も同じですが、犬も、追いかけるほうが燃えます。追いかけているときに「好き！」な気持ちが昂ります。C-C-Bも歌ってたじゃないですか「♪追えば逃げて、逃げれば追う～」って（古い）。ですから、あなたが愛犬を追うのではなく、愛犬から追いかけられる形に持っていきましょう。

●気持ちでも追いかけさせる

これは、気持ちの面でも当てはまります。「どうにかして、愛犬に好かれたい」と思うと、関係性の主導権は愛犬が持つことになります。愛犬のことを愛するのはいいけど、「好かれたい」と思ったら負けなんですね（笑）。

「好きならあなた（愛犬）のほうから来なさいよ」くらいの気持ちと態度のほうが、逆に愛犬からの「好き！」を加速させるのです。

20 飼い主のペースに合わせることが犬の快感

●お散歩・お手入れ・おやつ…愛犬に振り回されていませんか？

私のお店では、ペット用品の販売もしているのですが、その中に「装着しやすいハーネス（胴輪）」というラインナップがあります。バックル（留め具）がついていないもの、2ステップ以内に装着できるもの、足抜けしにくいものをセレクトして置いています。

というのも、長毛の小型犬で、バックルに毛や身を挟んでしまい、ハーネスを着けるのをイヤがるようになった犬や、早くお散歩に行きたくて、装着時に暴れる犬が結構いたからです。

ハーネスや首輪・リードは、初めて着けるときに苦手意識を持たせない練習（6章46参照）をしておけばよいのですが…装着が大仕事になっているのをよく見かけます。愛犬が興奮すると、それに合わせるように「ちょちょちょちょちょ！　ちょっと待ちなさい、ジッとして！」と焦ってアタフタしてしまう飼い主さん。

ほかにも、足を拭くのが大変、ブラッシング・歯磨きなどのお手入れをなかなかさせてくれない、お散歩に行くと引っ張るorすぐ帰ろうとする、ごはん・おやつの催促…などなど、愛犬のペースに振り回されていないでしょうか？

●おじいちゃんと散歩する犬

杖を突いて、ゆっくりゆっくり歩くおじいちゃんが、犬を散歩させているのを見かけたことはありませんか？　犬は、普通に歩くスピードの半分以下のペースなのに、おじいちゃんと一緒に歩いていますよね。明らかに、犬がおじいちゃんのペースに合わせています。

これは、別に走るのが好きじゃない、というわけではありません。犬が「おじいちゃんは早く歩けないと知っている」からです。さらに、「おじいちゃんと一緒に歩きたい」と思っているからです。一緒にお散歩するのが嬉しいから、必然的におじいちゃんのペースに合わせているのです。

●飼い主のペースに合わせるのが嬉しい

しつけがうまい人は、自分のペースをしっかり守ります。愛犬が、走ろうとしたり暴れたり、はたまた、おやつちょうだいなどと要求してきたりしても、いちいちそれに付き合いません。

「そんなことしたら、愛犬に嫌われちゃう！」と思いますか？ 逆です。犬は、飼い主のペースに合わせるのが、嬉しいのです。

なぜなら、犬の心の中には、リーダーになって群れを率いたい本能（権勢本能）と、リーダーに従って群れの秩序を守りたい本能（服従本能）という、正反対の2つの本能が共存しています。

飼い主が愛犬のペースに合わせていると、権勢本能が刺激されます。逆に、飼い主が愛犬に合わせず自分のペースを崩さなければ、服従本能のほうが刺激されます。

「服従させるなんてかわいそう」と思うかもしれませんが、本能に従って行動するのは、快感です。犬にとって、飼い主のペースに合わせることが、快感＝幸せになるのです！

おじいちゃんと散歩する犬は、走れなくてかわいそうではなく、実際はとても幸せなんですね！

21 愛犬をしっかり観察して、本当に好きなことをご褒美に

●撫でてますけど、それ、喜んでます？

私が、レッスンやカウンセリングで、「はい、では、褒めてください！」と言うと、愛犬の頭や体を撫でながら「イイコ～」と褒める飼い主さんがいらっしゃいます。

飼い主さんとワンちゃんは同じ方向を向いているので、飼い主さんはワンちゃんの表情が見えま

せんが、向かい側にいる私には、ワンちゃんの様子がよく見えます。実はそのとき、あまり喜んでない犬が多いんですよ。

「体を撫でられるのが好きじゃない」犬は、結構います。特に、日本犬はベタベタ触られたり、しつこくかまわれたりするのは、苦手なようです。

褒めているつもりが、「ちょっと、やめてよ！」と思われてしまったら、全く逆の結果になってしまいます（そもそも、撫でるのはご褒美に向いていません。詳しくは4章参照）。

●好みは、犬によって千差万別

撫で方1つとっても、ワンちゃんによって好みが違います。たいていの犬はここが好きという箇所はあるのですが（耳の下とか）、頭を撫でられるのが好きな犬もいれば、大嫌いな犬もいます。ムツゴロウさん並に「よーしよーし」とグイグイ撫でられるのが好きな犬もいれば、ソフトタッチで軽〜くポンポンくらいがちょうどいいと思う犬もいます。

ご褒美として使う食べ物も、犬によって好みが全っ然、違います。大体、お肉系が好きな犬と甘味系（サツマイモとか果物など）が好きな犬に分かれるように思います。好みの系統の中でも、鶏肉より豚肉が好き、とか、水分が多いほうが好き・乾きもののほうが好き、とか…。中には、お野菜大好き、お魚大好きな犬もいます。

●頭から決めつけると見逃す

犬だから肉が好きだろう、とか、撫でられると嬉しいだろう、と決めつけてしまうと、愛犬が本当に好きなことを見逃してしまいます。しつけがうまい人は、愛犬がどんな反応をするかをしっかり観察しています。目を細める、尻尾が上がる、もう1回とねだる（そのおねだりには応えないように）…こういった愛犬が喜んでいる反応を、しっかりキャッチすることで、愛犬の本当の好みを把握することができます！

●「この人、わかってくれてる！」と思うと惚れる

人間だって、サプライズの花束より朝のゴミ出ししてくれるほうが嬉しいとか、豪華ディナーより疲れた日に好きなおかずが1品多いのが嬉しいという人もいますよね。もちろん、花束やディナーが嬉しい人（時）も。

自分の好みや体調をよく見て、かけてくれた言葉やプレゼントは「この人、わかってくれてる！」と感謝感激です。なんなら、惚れてしまいますよね（笑）。

犬も同じです。自分がどう思っているかではなく、相手（愛犬）がどう思っているか、相手（愛犬）の反応をしっかり観察してみましょう。それで、本当に喜ぶことをしてあげると、相手（愛犬）は、自然とあなたに惚れてしまいます！

22 犬界でも〝ツンデレ〟は最強のモテキャラ

●「こいつ、オレに惚れてるから」と思われたら負け

私は、犬との関係をよく恋愛にたとえます（中学生の職場体験で、3章19の「追えば逃げて、逃げれば追う」の実践をやると、めちゃくちゃウケます）。イヌ科の動物は群れをつくり、その中で序列を決めることで、スムーズに狩りや身を守ることができて、生存率を高めます。

飼い犬（イエイヌ）にも群れの習性は残っていますが、群れという集団全体の序列よりも、自分と相手、という一対一の関係性を重視しているように思います。自分とパパ、自分とママ、自分とお兄ちゃん、自分とお姉ちゃん、どっちがエライ？という感じで。

一対一なので、恋愛に当てはめるとわかりやすいのです。恋愛って、対等な関係が理想ですが、なかなかそうはいきませんよね（笑）。〝惚れた弱み〟なんて言葉もあるくらいですから、惚れられたほうが主導権を握りやすいわけです。

犬との関係で考えると、犬には〝群れの習性〟も残っていますし、3章20で触れた「権勢本能」と「服従本能」という2つの本能もあるので、主導権は、飼い主が握っていたほうが、よい関係が築けます。

愛犬に「こいつ（飼い主）、オレに惚れてるから」と思わせてしまうと、愛犬のほうが主導権を持っ

てしまい、言うことを聞かない、ワガママ犬になってしまいます。

●愛情は、見せない

しつけがうまい人は、愛犬のことが大好きでも「君に惚れてるよ」という態度はとりません。

昔、超大型犬のブリーダーさんに親犬たちを見せてもらったとき、走り出す姿がめちゃくちゃカッコよくて、思わず「うわ～♥」と言ってしまいました。すると、超ベテランのブリーダーさんに「そういうの、犬に舐められるよ」と窘(たしな)められてしまいました。人の言動の1つひとつが、犬から評価されているということを、そこで思い知りました。

心の中ではいくら愛していても構いません。でも、それを態度に出してしまうと、主導権は愛犬に移ります。あくまでも「君(愛犬)のほうが、惚れてるよね?」という姿勢を貫きましょう。

●不意に見せられる愛情にキューンとなる

ただ、冷たくするだけでは、〝面白くない人〟です。

私たちも、普段は塩対応(クール)(ツンツン)なのに、不意に「ニコッ♥(デレ)」なんてされると、キュ～ンとしますよね。ツンデレとか、ギャップ萌えというやつです。

犬だって、普段は素っ気ないのに、絶妙なタイミングで「イイコ(ニコッ♥)」なんて褒められたら、ハートをズキューンと撃ち抜かれます。また、愛犬(じぶん)のほうから遊びを要求しても応えてくれないけど、「よし、遊ぶか！」と言って〝全力で楽しんで〟遊びを始めてくれたら、愛犬は飼い主さんにメロメロです。

愛犬と付き合ううえで、メリハリはとても重要です。「好き一辺倒」ではモテない、ということです。犬界でも〝ツンデレ〟が、最強のモテキャラなんですね！

23 ストレスのサインを見逃さない

●脇腹をポリポリするだけで好かれるワケ

レッスンやトリミングで、初めましてのワンちゃんが緊張しているとき、私は、脇腹をちょっとだけポリポリ掻いてあげます。

犬は、脇腹の少し上に、後ろ足が届かなくて、痒くても掻けないスポット（笑）があります。そこを軽～く掻いてあげると「おぉ～、そこそこ！　なんで気持ちイイとこわかるの～！」とめちゃくちゃ喜んでくれます。

それだけで、初対面でも「この人、好き♥」と思える理由になります（ただし、爪を立ててボリボリ掻くと皮膚を傷めます！　あくまで、軽～くポリポリッとするだけです）。

●痒み・痛み・不快感に気づいてあげる

犬にとっての痒み・痛み・不快感（＝ストレス）は、人間にはなかなか気づきにくいものもあります。明らかに皮膚トラブルがあって痒そうならわかりますが、「肩甲骨の下あたりが、ちょ〜っとカユイんです〜」なんて、絶対わからないです。

ほかにも、犬の耳は、人間には聞こえない音も聞こえると言われていて、電化製品の待機電力の音や、配管を水が通る音、首輪についているチャームや鈴の音がストレスになることもあります。

もちろん、嗅覚も鋭いので、家の中で使う洗剤・芳香剤・柔軟剤などの人工香料・化学物質も、ストレスになります。ワンちゃんに使うシャンプーやリンス、ブラッシングスプレーも、人工香料や添加物が入っているものは避けたほうがよいでしょう。

慢性的な痛みも、なかなか気づきにくいものです。爪の減り方が左右で違う、足を持ち上げようとしたらイヤがる、内股・ガニ股になっている、脇の下に手を入れて抱き上げたら「キャンッ！」と泣く、などの場合、体のどこかに痛みがあることが考えられます。

●不快なことから救ってくれる人＝ヒーロー

昔飼っていた猫が、すごく賢かったのです。ちょっと体が弱くて、よくお腹を下す猫だったのですが、調子が悪くなって病院に連れて行こうとすると、自ら「お願いします」という感じでキャリーに入っていました。
その猫は、動物病院で注射したら、お腹が痛いのがなくなるのがわかっていたと思います。獣医さん＝ヒーローだったのです、猫なのに!!（猫はたいてい獣医さんがキライ）
そのくらい、痛みや痒みといった不快感のストレスは、負担になるんですね。3章21で、愛犬が何に喜んでいるかを観察するのが大事、とお伝えしましたが、何にストレスを感じているかを観察するのも、すごく大事です。音・ニオイ・痛み・痒みのほかにも、光（夜、明るい）や、意外なところで、飼い主さんのイライラ（ストレス）も負担になることがあります。
しつけがうまい人は、愛犬をしっかり観察しています。嬉しいことも、イヤなことも、しっかり見て、気づいてあげられます。そして、その犬に合わせて解決してあげることができたら、愛犬にとって、飼い主は無敵のヒーローです！

24　温かいオーラをまき散らす

●犬は人間の雰囲気に敏感

私は三兄弟で、弟が2人います。弟その1は、中学から県外の男子校の寮に入っていて、家には長期休暇のときしかいませんでした。弟その2は、ずっと地元の学校に通っていたので、普段、うちの犬達は弟その2に遊んでもらったり、散歩してもらったりしてました。

犬達は、弟その2には飛びついたり、リードを引っ張って走ったりするのに、年に2か月くらいしか家にいない弟その1には、嬉しくて飛びついてもすぐやめるし、散歩に行ってもリードを引っ張りませんでした（笑）。

弟その1とその2の違いは…まず、その1のほうが体がデカくて偉そうでした（笑）。どっちも大の犬好きですが、その2は「好き好き〜」と態度に出すのに対し、その1は犬に合わせてはしゃいだりせず、どっしり構えていたように思います（そして、弟その2は「いつも僕が世話してるのに、なんで兄ちゃんの言うことだけ聞くん!?」と憤ってました（笑））。

私の愛犬ニコラは、私がイライラしていると、近寄ってこず、遠巻きに見てきます（笑）。疲れてると「ダイジョブ？」と顔を覗きにきます。犬は、人が出す雰囲気にとっても敏感なのです。

●力強いオーラに惹かれる

やはり、強いリーダーの下で命が守られるという習性があるので、犬は、力強いオーラ（雰囲気）を持つ人が好きなようです。ただ、人間は、元気ハツラツで賑やかな人にも強いオーラを感じますが、犬が〝力強い〟と感じるのは、どっしりと落ち着いた温かいオーラのように思います。

愛犬のご機嫌を伺ったり、愛犬のペースに振り回されたり、しつこくベタベタしたりするタイプは、好かれなくはないのですが、尊敬はされません（弟その2がこのタイプ（笑））。

●強いキャラじゃなくても大丈夫！

なので、「自分は〝強い〟っていうタイプじゃないな〜」と心配しなくて大丈夫ですよ！　犬が安心して惹かれる力強いオーラというのは、〝強い〟というよりも〝温かくて安心できる〟というイメージです。

体が大きいとか、声が大きいとか、態度がデカいとかは、それほど関係ありません。現に、私と夫では、身長が30㎝ほど違いますが、2頭の愛犬はどちらも、私の足元に寝にきます（察し）。

●温かいオーラの出し方

しつけがうまい人は、愛犬のペースに合わせず、落ち着いています。愛犬の行動に焦って、愛犬のペースに合わせてしまうと、温かく安心できるオーラは出ません。いつでもあなた自身のペースで、落ち着いていましょう。そのほうが、愛犬は安心して飼い主を頼れます。

愛犬と向き合うときは、できるだけゆったりした気持ちで、焦らないように平常心を心がけてみてください。それができたら、自分の心臓あたりから、温かい光がフワ〜っと広がるイメージをしてみてください。その温かな光（オーラ）が、愛犬を惹きつけてやまないのです。

25 美味しくて元気になるごはん！

●〝食〟は生命の源

3章18で、愛情よりも大事とお伝えした〝衣食住〟。中でも〝食〟は、生命に密接にかかわるだけじゃなく、〝楽しみ〟という点でも、犬にとって、とても大きな役割を担っています。

●体調不良から問題行動が起こることも

「触ると噛みます・唸ります」という相談をよく受けます。元野犬や虐待を受けた犬(コ)なら、明らかに痛い・怖い思いをしているので、理由はわかります。

でも、普通に飼われている犬(コ)で、触られるのをイヤがる場合。もつれた毛をムリヤリ引っ張っていたとか、爪を切りすぎて出血させた、首輪やハーネスのバックルで毛を挟んだ、というような失敗がなければ、もともとどこかが痛い、関節が外れている、毛に隠れてケガがあった、など、体の不調がある可能性が高いです。

その場合、しつけの前に、体調を整える必要があります。病気やケガは、獣医さんと相談しながら対応していきますが、お家で飼い主さんができるケアの代表は、〝元気になる食餌(しょくじ)〟です！

食餌を見直すことで、慢性的な痛みや痒みといった不快感を、和らげられる可能性もあります。

●腸が性格を決める？

人間界で〝腸活〟が流行しているように、〝腸（小腸・大腸）〟の状態は、体全体の健康にかかわってきます。腸内細菌によって、性格が変わるとも言われています（参考文献1）。

犬も、人と同じ雑食性の哺乳類なので、胃腸の仕組みは同じです。腸の状態が体全体に影響を及ぼしますし、性格に影響があってもおかしくありません。普通に考えて、いつもお腹の調子が悪いのと、スッキリ爽快なのとでは、後者のほうが、穏やかな性格でいられそうですよね！

腸のためにも、その犬に合った健康的な食餌は大事です。ただ、食については、それだけで本になるくらいポイントがたくさんあります。詳しく知りたいようでしたら、私が講師を務めるペット食育協会®の「ペット食育講座」がオススメです。ペットの食に関する疑問が解決します！

●自信を持って選択する

しつけがうまい人は、食餌についてもしっかり勉強して、「元気になる美味しいごはんだよ！」と自信を持って愛犬に提供します。

想像してください。シェフが「〇〇産の△△です！　さぁ、召し上がれ！」と自信を持ってサーブした料理と、「お口に合うかどうかわかりませんが…」と恐る恐るサーブした料理、どちらを食べたいですか？　シェフが自信を持てない料理は、ちょっとイヤですよね（笑）。

美味しくて元気になるご飯を、自信を持って提供してもらえたら、愛犬は、そんな飼い主を好きにならずにはいられないのです！

《レッスン》仰向け抱っこ

●〝姿勢〟から〝気持ち〟をつくる

人間のメンタルケアでは、背筋を伸ばしたり顔を上げたりすると、思考がポジティブになることがわかっています。こういう気持ちだからこういう姿勢になる、たとえば、気分が落ち込むからうつむく、というのはわかりやすいですね。

その逆も成立する、ということです。〝姿勢〟から〝気持ち〟をつくることができるのです。これを犬に当てはめたのが、『仰向け抱っこ』トレーニングです（注意！：すでに噛み癖・

暴れ癖がある犬(コ)、背骨・腰にトラブルがある犬(コ)、中型犬・大型犬は、専門のトレーナーの直接指導のもとで行ってください)。

犬が、仰向けでお腹(急所)を見せる姿勢は、「あなたを信頼してますよ」という気持ちを表しています。〝姿勢〟から〝気持ち〟をつくる法則をあてはめると、飼い主が、愛犬を仰向けの姿勢にすることで、愛犬に「あなたを信頼してます」という気持ちが生まれます。

この姿勢は、お腹(急所)を見せると同時に、飼い主に〝背中を預ける〟形になるので、さらに、あなたに背中を預けます＝信頼しています、という気持ちを育てることができます。

また、仰向けになるのは、犬にとっては究極のリラックスポーズです。いわゆる、ヘソ天というやつです。これも〝姿勢〟から〝気持ち〟をつくる法則のとおり、仰向けにさせることで、気持ちがリラックスするので、興奮しやすい犬(コ)には、特にオススメのトレーニングです。

私の愛犬ミルコは、動物病院での腹部エコー検査のとき、検査用のベッドで仰向けの姿勢でスヤァと寝てしまって、獣医さんが感動していました(笑)。その獣医さん曰く「こんなにエコー検査やりやすい犬(コ)は初めて！　パピークラスで習った『仰向け抱っこ』が好き？　全員に『仰向け抱っこ』習ってほしい！」とのことでした(笑)。

『仰向け抱っこ』でリラックスできるようになると、検査だけでなく、手足のお手入れや歯磨きが、とっても楽になります！　テレビを見ながらでもできるので、こまめに練習しましょう！

①飼い主は、太ももをくっつけて座ります。両ももの間にできる溝に、愛犬の背骨をはめ込むように抱っこします。

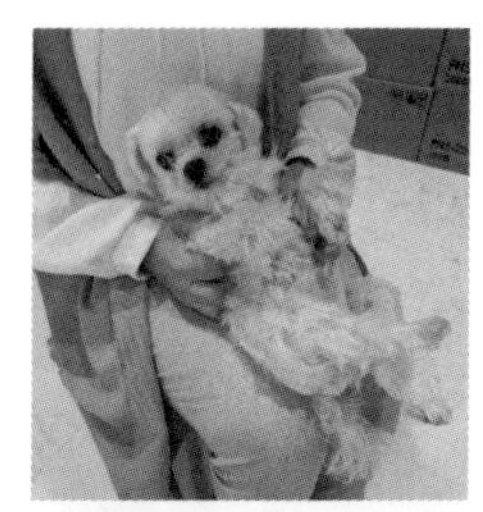

②愛犬の脇の下を軽く押さえて、リラックスするのを待ちます。動きが止まったらご褒美。

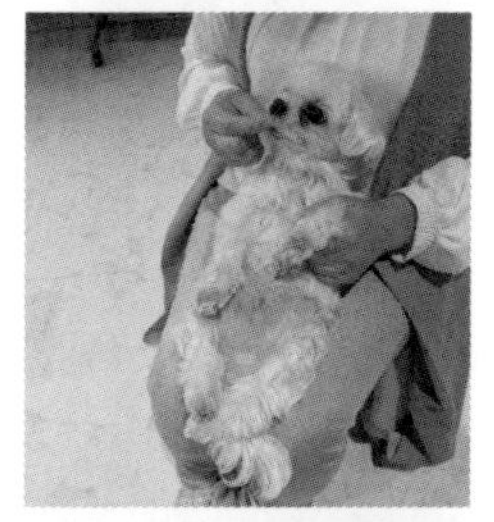

③仰向けで落ち着いたら終了。
(リラックスすると後ろ足がぶらーんと下がってきます)

イヤがったら、しっかり脇の下を押さえて。
※暴れているときに手を放さないように！

※本書の196頁にトレーニング動画のQRコード・URLを掲載しているので、参考にしてください。

●練習するときのコツ

愛犬が、イヤがっているとき・暴れているときに、手を放さないように！　イヤがったり暴れたりしたら、トレーニングが終わる＝よいコトがある、と学習してしまいます。また、リラックスする練習でもあるので、飼い主さんもリラックスした状態でやってください。

この姿勢でリラックスできるようになったら、少しずつ足先を触ったり口を触ったりして、お手入れの練習へと、徐々にレベルアップしていくことができます。

【実例】名前も呼ばないのに溺愛されるトリマー

●トリミング中は名前を呼びません

私は、トリミングのとき、ワンちゃんの名前をほぼ呼びません。しつけ相談に来ている犬を、『プレシャスネームコーリング（2章レッスン①）』の確認を兼ねて、ちょっと呼ぶくらいです。それ以外のワンちゃんは、家で名前を呼ばれすぎている可能性が高く、名前を呼んでも反応しないことが多いです。名前を呼ばれているのに無視する経験を、させるつもりはありません。

また、トリミングは、ワンちゃん全員にとって、決して楽しいものではないので（トリミング好きな犬でも、爪切りor耳掃除はそんなに好きじゃない、ドライヤーはちょっと苦手、などはあると思います)、そういうときに「名前の響き」が聞こえてくることで、「名前」＝〝イヤなコト〟の図式ができあがっても困ります。

●ゴメン！ 私の最愛は、家（ウチ）の愛犬（コ）なの

トリミング中の負担を減らすには、できるだけ手早く終わらせるのが一番だと思っています。なので、私はトリミング中、かなり淡々としていて、機嫌をとることもしません(機嫌が悪くなる前に終わらせます)。最後の写真を撮り終わったときだけ、「イイコ！ えらかったね」と褒めます。

そんな塩対応なのに、お客さまワンコたちは、顔を舐めにくる(衛生上、直接は舐めさせません。マスクの上のみ)、お腹を見せる、などは当たり前。私の顔を見ると、毎回嬉ション(嬉しくておしっこを漏らす)、去勢してない犬（コ）に射精されたことも数回…。

「家ではそんなこと絶対しないのに…」とか「先生が、この犬（コ）の初めての女（ヒト）です…」と、飼い主さんからは羨ましがられたり、頬を染められたり…。そういうときは、さすがにちょっと気まずいです(笑)。

もともと動物好きなので、お客さまワンコも、そうでないワンちゃんも、みんなカワイイし、大好きです！ でも、私の最愛は、やっぱり自分の愛犬なんですよ(笑)。それでも、お客さまワンコからの片思いは、とどまるところを知りません(笑)。

●誰でも愛され飼い主になれる！

なぜ、私がそこまでお客さまワンコから溺愛されるか、3章を読んでくださったなら、わかると思います。復習がてら理由を挙げてみると…

・犬のペースに合わせていない
・愛情を見せない（最後にチラ見せ）
・不快なことをできるだけしない
・常に平常心を保っている
・手から謎オーラが出ている

最後のはちょっと怪しいですが（笑）、ドッグマッサージを習得する過程で、そういうトレーニングをしました。ほかの4つも、最初からそうだったワケではありません。しつけを勉強して、こうなる必要があると思ったから、意識して身に着けたスキルです。

ということは、スキルを身に着ければ、誰だって犬から愛されるようになるってことです！　愛され飼い主には、誰でもなれるんです♪

4章　しつけのうまい人がやっている褒め方・叱り方

26 叱る＝（イコール）応援!?

●「陽性強化」「陰性強化」

これまでの章で、犬は、ある行動の直後に〝よいコト〟が起これば、次もその行動をしやすくなる、というお話をしてきました。逆に、行動の後に〝悪いコト〟が起こると、次からはその行動をしなくなる・イヤがるようになります。前者を「陽性強化」、後者を「陰性強化」といいます。

犬に問題行動をやめさせるなら、「陰性強化」すなわち、その行動をしたら〝悪いコト〟が起きる＝叱るほうがいいんじゃないか、と思われる方が多いかもしれません。

●〝悪いコト〟とは命の危機

では、犬にとっての〝悪いコト〟とはなんでしょうか？　それは、命が失われることです。命に危険があるんじゃないかと感じること＝危機感です。

あなたは、犬が命の危険を感じるほど、叱れますか？

そりゃあ叩いたり蹴ったりしたら、危機感を与えられるかもしれませんが、それはもってのほかです。犬から二度と信用してもらえなくなります（その前に、飼い主として失格です）。

声だけで、命の危険を感じるほど叱るのは、ムズカシイです。危機感が感じられない叱り声は、2章14で詳しく説明したとおり、ご褒美になります。特に、吠えているときに叱ると、愛犬は「飼い主も一緒に吠えてくれてる！」と思って、吠えるのがエスカレートしてしまいます。叱っているつもりが、逆に、その行動を応援することになるのです。

●叱るより褒めるほうが失敗は少ない

こんな例もあります。愛犬が、ペットシーツ以外のところで排泄している瞬間に遭遇して、思わず大きな声で「ダメッ！」と叱ったら、それ以降、隠れて排泄するようになった…。これは、犬が「排泄自体」が「ダメ！」なんだと解釈してしまったケースです。こうなると、トイレトレーニングをやり直すことすら、難しくなってしまいます。

また、同じくトイレの失敗を叱るケースですが、終わってしまった粗相のあとを指さして「ここにしちゃダメでしょ！」と叱ったことはありませんか？　犬は、脳のシステム上、過去と現在を新たに結びつけることができません。過去の出来事（経験）から未来を予測することはできます（たとえば、動物病院で注射が痛かった＝獣医さん怖い＝白衣の人怖い、など）。でも、現在から過去を振り返って、反省することはできないのです。

〝叱る〟って、案外ムズカシイでしょう？　それに、隠れて排泄をするようになってしまった例のように、褒めるより叱るほうが、失敗したときのダメージが大きくなりがちです。

だから、しつけがうまい人は、〝褒める〟ことに重点を置きます。〝叱る〟のは最終手段としてとっておいて、上手に〝褒める〟スキルを磨いていくのが、効率よくしつけが上達するコツなのです。

27 ご褒美は、松・竹・梅を用意する

●難易度に応じて使い分ける

愛犬が正解の行動をしたとき起こる〝よいコト〟の中で、1番わかりやすいのは〝食べ物〟です。一瞬で「ウレシイ！」気持ちになることができる食べ物は、手軽で使いやすいご褒美です。

ご褒美には「愛犬が好きなものを用意する」ことが重要です。顔の前に持っていっても「プイッ」とされる食べ物は、ご褒美にはなりません。

さらに、その〝好きなもの〟を、「梅＝普通に好き」「竹＝結構好き」「松＝めちゃくちゃ好き！」の3段階にランク付けしましょう。松竹梅がわかりにくければ、R（レア）、SR（スペシャルレア）、SSR（スーパースペシャルレア）でも構いません（笑）。

これを難易度によって使い分けます。家の中で普段できていることを褒めるとき＝難易度☆は、梅（R）、ドッグフードで十分です。家の外での練習、または、家の中でも初めて練習するとき＝

難易度☆☆は、竹（SR）、市販の犬用クッキーなど。

最後に、苦手を克服するとき＝難易度☆☆☆は、松（SSR）、手づくりジャーキーや市販品ならウェットなもの、という感じです。

●めったに出ないからこそ松（SSR）

ここでやってはいけないのが、愛犬が喜ぶからといって、松（SSR）を連発することです。松（SSR）は、めったに出ないからこそ貴重なのであって、しょっちゅう貰えたら、特別感がなくなります。

また、犬は飽きっぽいので、初めは喜んでいても、すぐ味に慣れて、喜ばなくなることがあります。しつけがうまい人は、松（SSR）に指定したご褒美（食べ物）は、難易度☆☆☆以下では、絶対にあげません。

具体的にどのように使うかというと、たとえば、お散歩がキライなワンちゃん。本来、どこに・いつ行くかを決めるのは、群れのリーダーです。愛犬が歩くのを拒否したときにお散歩をやめたら、主導権は愛犬が持ちます。主導権は、飼い主が持っているほうがよい関係が築けるので、拒否らせない・キライにしないために、お散歩には、松（SSR）のご褒美を持っていき、途中でちょこちょこあげます。同時に、お散歩以外では、そのご褒美は絶対にあげないようにします。

お散歩のときだけ松（ＳＳＲ）が出る、と思ったら、愛犬はお散歩をキライになれないですよね。

●美味しいニオイ&空腹が最高コンボ

犬の食欲を刺激するのは、ニオイです。松（ＳＳＲ）の例で、手づくりジャーキーや市販品ならウェットなもの、と挙げましたが、これは、できたてやウェット（ジューシー）なほうが、香りがよく、愛犬の興味が惹けるからです。

また、お腹がいっぱいだと、ヨロコビは半減してしまいます。ごはん以外で食べ物を与えるのは、ご褒美だけにしましょうね。そのご褒美も、腹八分目にしておきましょう！

28 誉め言葉がちゃんとご褒美になる

●〝褒め言葉〟＝〝よいコト〟とインストールする

ここまで、〝正解の行動〟で〝よいコト〟が起きるようにする＝ご褒美（食べ物）をあげる、と説明してきました。実は、ご褒美は、食べ物だけでは不完全なのです。食べ物を与えるときには、必ず〝褒め言葉〟をセットにします（2章レッスン『プレシャスネームコーリング』は除く）。

食べ物は、用意して出すまでに、どうしてもタイムラグができてしまいます。〝正解の行動〟には脊髄反射で褒める必要があるので（2章12参照）、タイムラグは致命的です。その点、「言葉」なら、必要な瞬間に出すことができます。

ただ、言葉（音）だけでは、犬には意味が伝わりません。そこで、普段の練習では「褒め言葉」と同時に食べ物をあげるようにします（2章のレッスン『アイコンタクト』が最適）。すると、「褒め言葉」の響き＝〝よいコト〟と、愛犬の頭にインストールされます。完全にインストールできていれば、食べ物がなくても「褒め言葉」だけで喜んでくれるようになります（ただし、「褒め言葉」だけで喜ぶようになっても、時々、食べ物をセットにしないと忘れてしまいます）。

●口をついて出てくる言葉に決める

「褒め言葉」は、飼い主の嬉しい気持ちが伝わるならなんでもいいです。ただ、脊髄反射で出てこないといけない（次の項で詳しく説明します）ので、「イイコ」「グッド」「エライ！」など、口をついて出てくる、短くて（人前でも（笑））言いやすい言葉に統一しておきましょう。

家族内でも統一しておいたほうが、愛犬が覚えやすいです。

●食べ物で〝釣っている〟んじゃない

ご褒美に食べ物を使うと、食べ物で〝釣って〟やらせるんでしょと思われるかもしれません。そうではなく、愛犬が自ら行った行動が〝正解〟だったときに、〝よいコト〟が起こるという演出です！

食べ物の魅力は強力なので、〝褒める〟しつけをしている飼い主さんが、いつの間にか食べ物に頼ってしまう罠にハマることがあります。しつけがうまい人は、正解の行動がでたら「褒め言葉」を言うクセがついているので、愛犬が、食べ物に〝釣られる〟という感覚になりません。

●声のトーンを自在に操る

基本的には、大げさに褒めるほうが、愛犬には伝わりやすいです。ただ、興奮しやすい犬や、逆に、ビビリ（臆病）な犬は、大きな声で褒められると、余計に興奮したり、ビクッとしたりしてしまうので、その犬の性格に合わせて、声の大きさ・トーンを調整します。

また、せっかく〝正解〟の行動をしているのに、褒めたことでその行動を止めてしまったら、本末転倒です。興奮しやすい犬なんかは、おとなしくしているときに褒めると、嬉しくてはしゃぎだしたりすることがあります。はしゃがないギリギリのラインまで声のトーンを落とすなど、そのあたりの微妙な匙加減は、普段の生活や練習の中で、見極めていってくださいね。

29 褒め言葉はクイズ番組の「ピンポン（正解）！」

●〝褒め言葉〟は「正解！」と伝えるツール

人間の子育てで〝褒める〟というと、人格を褒める、とか、子供がした行為に感謝を伝える、といった感じで、自己肯定感や幸福感を高めることが目的…ですよね？（子供がいないのでちょっと曖昧（笑））。

実は、「犬のしつけ」での〝褒める〟という行為は、人間の子育てでの〝褒める〟とはちょっと違うんです！「犬のしつけ」での〝褒め言葉〟は、「その行動、正解だよ！」と愛犬に伝える合図です。クイズ番組の「ピンポンピンポンピンポーーン‼」と同じです（笑）。そこに自己肯定感や幸福感を挟む余地はありません！

この感覚の違い、わかりますでしょうか？　同じ〝褒める〟という言葉を使うので、本や動画だけで「犬のしつけ」に取り組むと、子供を褒めるようにじっくりゆっくり褒めたり、過去のことを褒めたりといった微妙なズレが生じてしまいます。

じっくりゆっくり褒めてもいいのですが、それはしつけのときではなく、愛犬とのリラックスタイムにしてあげてくださいね。

●「ピンポーーン（正解）！」は気持ちイイ！

〝褒め言葉〟が、クイズ番組の「ピンポーーン（正解）！」と同じだとわかると、〝正解〟の行動が出たら、即、〝褒める〟という感覚がわかりやすいかと思います（クイズミリ○ネアの、みの○んたさんは除く）。そして、テンポよく正解していくと、犬も楽しくなるのです。しつけがうまい人は、自分がクイズ番組の音響さんになった気持ちで、テンポよく〝誉め言葉〟を発していきます。

ここで、正解が出ているのに、オスワリやマテをさせるのは、「ピンポーーン（正解）！」と鳴らさずに次の問題にいくようなものです。そんなクイズ番組、モヤモヤしてイヤですよね（笑）。〝正解〟が出たら、即「褒め言葉（ピンポーン）」が、犬を楽しませる秘訣です。

●ご褒美はあとからゆっくりでいい

しつけがうまい人は、〝正解〟の行動が出たら、なにを置いても、まず、〝褒め言葉〟で「ピンポーーン（正解）！」を伝えます。ご褒美の食べ物は、そのあと、ゆっくり落ち着いて与えるくらいで大丈夫です。

常にご褒美を身に着けていればいいですが、たとえば、いつもは宅急便の人に吠えるのに、今、吠えてない！　というときに「えっと、ご褒美ご褒美…」とポケットを探したり、袋や瓶の蓋を開けていたりしたら、宅急便の人が帰るか、愛犬が吠えだすかして、タイミングを逃してしまいます。

咄嗟の時でも、とりあえず〝褒め言葉〟が口をついて出てくれれば、「その行動、ピンポーーン（正解）だよ！」と伝えることができます。〝正解〟の行動をみかけたら、脊髄反射で褒め言葉が出てくるように、普段からしっかり練習しておきましょう！

30 〝正解〟を自分の頭で考えさせる

●〝させる〟のではなく、自分から〝する〟

「しつけ」と聞くと、オスワリさせておりこうにさせなくちゃとか、お散歩のときは犬を自分の横につけさせなくちゃ、というように、○○させなくちゃ、と思ってしまう飼い主さんが多いように思います。

でも、号令（コマンド）をかけてオスワリさせるより、愛犬が「あ、この場面は座ったほうがいいな」と判断して、自らオスワリするほうが、より、おりこうさんだと思いませんか？

●自分で考えて出した正解は、忘れない

実は、飼い主が指示を出してなにかをさせるより、愛犬が自分で考えて〝正解〟にたどりつくほうが、その行動がより強固に定着します。

では、どのように考えさせるかというと…ただ、待つだけです（笑）。

具体例としては、2章の【実例】がわかりやすいと思います。飼い主は、ただ、ドアの前で立ち止まって、愛犬が座るのを待つだけ。

〝正解〟にたどりつきやすくするために、リードを短く持つ（正解以外の体勢になりにくい）とか、目標物がある場合は、目に入りやすい位置から始める（4章レッスン参照）といったコツはありますが、基本的には、〝なにもせず待つ〟だけです。

すると、ワンちゃんは、「どうしたら飼い主さんの気を引ける（＝リアクションしてくれる）かな？」「どうしたらご褒美を貰えるかな？」と一生懸命考えて、いろいろな行動を試します。その時〝正解〟の行動が出たら、すかさず褒める!!　ここで、前項の「ピンポーーン（正解）！」のタイミングが活きてきます。

●ついつい声をかけたくなるけれど…

ドッグカフェなど、お出かけ先で落ち着いてほしいときには、ついつい「オスワリ」や「フセ」の号令（コマンド）をかけてしまいがちです。でも、号令（コマンド）をかけると、余計に興奮したり、すぐに立ち上がったりしませんか？

しつけのうまい人のワンちゃんは、落ち着いてほしい場所では、自分からオスワリやフセをして、リラックスします。強制されてないから、号令（コマンド）の自主解除（行動をやめる）もありません。

人間界でも、仕事や部活で、上司や先輩がなんでも先回りして指示を出してしまうと、部下はいつまでたっても成長しませんよね。考えて、失敗して、また挑戦して、自力で成功にたどり着いて初めて、実力がつきます。

愛犬に、自分の頭で考えさせることは、本当の意味で「おりこうワンコ」に育てる方法なんですね！

31 無視ではなく、タイミングを変えるだけ

●命の危険の次にイヤなのが「無視」

4章26で、犬にとって1番の〝悪いコト〟は、命の危険を感じること、とお伝えしました。その次にイヤなのは、「ノーリアクション」つまり、「無視」です。2章14で詳しく説明したように、犬にとって「リアクション」をもらえるのは〝よいコト〟で、反対に「ノーリアクション＝無視」は〝悪いコト〟です。しつけの本などでも、「吠えているときは〝無視〟しましょう」というようなこ

とがよく書かれていますね。確かに、それは正解なんですけども…。

●されるのもツライが、するのはもっとツライ？

飼い主さんの中には、「無視」が苦手な方がいらっしゃいます。私のようなツッコミ体質（どんな体質やねん！　↑そういうとこやで）というワケではなく、〝無視〟するのは…かわいそう、と思ってしまうようです。

ここまで読んでくださったあなたなら、「リアクション」「ノーリアクション＝無視」の重要性は、わかっていただけてると思います。だから、「かわいそうだけど、無視しなくちゃ！」と思っているなら…ちょっと待ってください。

●リアクションのタイミングを変えるだけ

「かわいそう」「ゴメンね」「ホントはしたくないんだけど…」というツライ気持ちは、愛犬に伝わってしまいます。そういうときは、無視しているつもりでも、気持ちが愛犬に向かっているので、愛犬は敏感にキャッチして、リアクション＝ご褒美として受け取ってしまうのです。

しつけがうまい人は、「無視する」と考えるのではなく「リアクションのタイミングを変えるだけ」と考えます。「要求吠えしているときは、無視しなくちゃダメ」ではなく、「吠えてないときに、思いっきりかわいがれる！」と視点を変えます。これなら、ツライ気持ちにならないと思うのですが、いかがでしょうか？

●罪悪感は失敗の元

「かわいそう」「ゴメンね」といった罪悪感があると、しつけはうまくいきません（7章51参照）。「（本当はしたくないけど）必要だから（仕方なく）する」という気持ちは、（）内まで愛犬に伝わっています。

もし、しつけをしていて罪悪感や違和感があるなら、1度立ち止まってみてください。そして、なぜ罪悪感を感じるのか、何に対して「かわいそう」「ゴメンね」と思っているのか、自分の心に問いかけてみてください。

そのとき、〝あなた自身が〟無視されるのはイヤ、寂しいのはツライと思っているのが理由だとしたら、安心してください！　犬は、上位（リーダー）には要求が通らないのが普通です。逆に、下位（メンバー）の要求を無視するくらい〝ブレないリーダー〟のほうが安心できる、という習性・本能があるくらいです。

それに、あなたが飼育放棄でもしない限り、愛犬は孤独で寂しい状態にはならないですよね。だから、〝無視〟に罪悪感を覚える必要はないんです。

32 ダメなことは、ダメとわかるように伝える

●それをされるのはイヤなんだよ、と伝える

〝褒める〟のが大事とお伝えしていますが、それは、絶対叱ってはいけない、という意味ではありません。6章でお伝えする対策をしたうえで、それでも、パワーが有り余っている犬は、吠えたり噛みついたり、いろいろとやらかしてくれます。関西弁で言う「イチビリ（標準語訳：調子にのってる）」というやつです。

そんなときは、叱る…というより、「それをされるのはイヤなんだ」という気持ちが愛犬に伝わるように、伝えます。

その伝え方が1番ウマイのは、母犬です。子犬に乳歯が生えてきて、そろそろ離乳、という時期になっても、子犬は母犬のお乳が大好きです。でも、チクチクした乳歯でおっぱいを吸われると、母犬はめちゃくちゃ痛いワケです。そこで、子犬が吸い付いてきたら「ガウッ！（痛いんじゃボケェ！）」と唸って、子犬を振り払います。すると「おっぱいに噛みついたら（吸い付いたら）お母さんイヤなんだ」と学習することができます。こうして、無事、噛むのはいけないと学習し、さらに離乳もできる、という流れになります。

●今やっている行動を一発で止めるという気迫

叱り方のお手本は、この母犬の「ガウッ！」という唸り声です。母犬のおっぱいに乳歯が当たった瞬間＝愛犬がしてほしくない行動をした瞬間に、低音の大きな声で「ダメッ！」と叱ります。

このとき、同じ大きな声でも、高い声で叱ってしまうと、犬は余計に興奮してしまいます。女子の皆さんは、思わず高めの声が出てしまうので、要注意！ 地獄の底から湧き出てくるイメージで、お腹の底から重低音を出してください。

しつけがうまい人は、「愛犬が今やっている行動を一発で止める！」という気迫を込めて、「ダメッ！」と叱ります。してほしくない行動に対して、ちゃんと「それはダメ」と伝わるように、気迫を込めて伝えます。

私は、普段、どちらかといえばおっとりしたイメージらしいのですが（自覚ナシ）、レッスンで叱り方の見本を見せると、ワンちゃんだけじゃなく、飼い主さんも「ビクッ！」として涙目になります（笑）（なので、見本を見せるのは1組につき1回だけです）。

そのくらいの迫力で伝えないと、犬は危機感を感じてその行動をやめる、とはならないのです。

●連発すると危機感がなくなる

ただし、「ビクッ！」とするくらいの迫力で叱っても、実際には、命の危険はないワケですよね。

だから、何度も叱っていると、犬は「大きい声が聞こえてくるけど、これは怖くないんだ〜」と学習してしまって、危機感を感じなくなります。そうなると、ダメと伝わらないどころか、その声が、リアクションしてくれた！＝ご褒美となってしまいます。

だから、基本的には〝褒める〟のが優先。さらに、叱らなくていいように6章の対策をキッチリやる。叱るのは、それでも問題行動がなくならないときの、最後の手段です。

33 〝無意識の罰〟に注意！

● 〝行動の結果〟を犬目線で考える

「オイデ」と言ってもなかなか来ない、とか、車やキャリー・クレートでの移動が苦手、というご相談が結構あります。では、「オイデ」の後や、車やキャリーで移動した後、愛犬に何が起こるか、思い出してみてください。「オイデ」と言われて飼い主のところに行ったら、ハウスに入れられて遊びの時間が終わってしまった…。はたまた、車に乗ったらorキャリー・クレートに入ったら、動物病院に連れていかれて痛いこと（注射）された…。

行動の結果、どちらもワンちゃんにとって〝悪いコト〟＝罰が起こっていますね。飼い主は、無意識で愛犬に罰を与えていることになります。犬は、過去の経験から未来を予測するので、これでは、「オイデ」と言われたら逃げたくなるし、車やキャリーが苦手になるのは当然です。

●そんなつもりじゃないのに

吠えているときに叱るのが、愛犬にとっては、飼い主からの「応援・ご褒美」に聞こえる（4章26）ように、飼い主からすると「そんなつもりじゃないのに」ということは、よくあります。飼い主が意識していないことが、愛犬にとってはご褒美になったり、罰になったりするのです。

これを防ぐには、2つのコツがあります。

1つめは、行動の結果、何が起きたかを想像する。愛犬の目線で想像するのがポイントです。特に、動物病院やトリミングに行く（痛い・不快なコトをされる）、遊びなどの楽しい時間が中断する、お留守番で1人ぼっちになる、というような〝悪いコト〟が想像できる場合、予め、6章46で紹介する対策をしておきましょう。

2つめは、楽しい・嬉しい過去を積み重ねる。犬は、過去の経験から「この行動をしたら、こういうことが起きるだろう」と予測します。ということは「〝よいコト〟が起きた」という経験を積み重ねれば積み重ねるほど、愛犬は、いつも幸せな予測をする、ということです。ハウスしたらご褒美たくさんもらえた、イイコなときに褒められたなど。どんな結果になるかは、行動の結果は、飼い主がコントロールできますね！

●〝飼い主の喜び〟がご褒美になるのが理想

愛犬との信頼関係ができてくると、わざわざ褒めなくても、飼い主が「嬉しく」感じるだけで、愛犬のご褒美になります。無意識のご褒美です。

しつけがうまい人は、愛犬が、健康で幸せになれる行動をしたら、心から喜びます。たとえば、健康的なご飯をしっかり食べてくれたとか、ちゃんとペットシーツでトイレができたとか、歯磨きの練習を楽しくやれたとき。「ホントにエライね!」と心から喜ぶと、それがご褒美となって、その行動を強化します。すると愛犬はどんどん健康で幸せになっていく、という〝幸せスパイラル〟が起こります!

無意識の罰には十分気を付けて、無意識のご褒美で、愛犬を幸せに導いてあげられるといいですね!

《レッスン》タッチ~正解の行動が出るまで待つ

●4章30「〝正解〟を自分の頭で考えさせる」の実践編

このトレーニングでの〝正解〟は、愛犬が「飼い主さんの手に鼻タッチする」です。〝正解〟が出るまで、飼い主さんはじっと待つだけ。声をかけたり、手を動かしたりしてはいけません。愛犬

が一生懸命考える姿がとってもかわいい、ゲーム感覚の楽しいトレーニングです♪

①ご褒美を指に挟んで、てのひらを愛犬の顔から30～50cmの位置で固定します。

②愛犬が、ご褒美に近づいてきて、てのひらに鼻がタッチしたら、「イイコ！」と言ってそのまま食べさせます。

③てのひらの場所を変えて①②を数回繰り返します。少しずつ距離を広げてチャレンジ！

④ご褒美アリのてのひらに問題なくタッチできるようになったら、次はてのひらにご褒美を挟まず、愛犬から20～30㎝の位置に固定します。

⑤てのひらにタッチできたら、「イイコ！」と言って反対の手からご褒美をあげます。

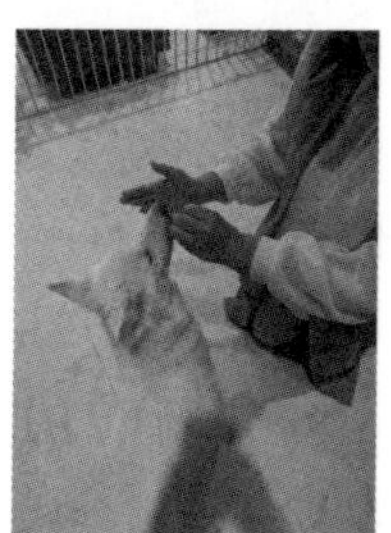

⑥てのひらの場所をかえて④⑤を数回繰り返します。少しずつ距離や高さを変えてみて！

※本書の196頁にトレーニング動画のQRコード・URLを掲載しているので、 参考にしてください。

●練習するときのコツ

①手をグーにしてご褒美を握っておく方法もありますが、後々、誘導（てのひらについてこさせる）やハンドシグナル（手で号令（コマンド）を出す）につなげるために、てのひらタッチをゴールとします。

②褒め言葉は、ご自分で決めた言葉を使ってください。

④最初のご褒美アリのときの距離より、少し近いほうが正解が出やすいと思います。あまりに距離が遠いと、愛犬が諦めることがあるので、正解できる難易度にしてあげてくださいね♪

⑤最初はどうしたらいいのかな？　と考えていろいろ行動するので、〝正解〟が出るまで静かに待ちましょう。初めてタッチできたら、大げさに褒めて、ご褒美を3・4粒連続であげましょう！

※てのひらにタッチできるようになったら、「タッチ」と号令（コマンド）をかけながらやってみましょう！

【実例】目線だけで30分で無駄吠えがおさまる

●まずは仮説を立てる

あれは、まだペットホテルを運営していた頃（コロナ前）です。県外からの一見（いちげん）のお客さまワンコだったと思います。お泊りしている間にトリミングのオーダーも承っていたので、その犬（コ）には、トリミング室の犬舎で順番待ちしてもらっていました。夜のお泊りではそんなに吠えてなかったのですが、犬舎に入った途端、「ワン!ワン!」と吠え始めました。

基本的に、犬の吠え声には反応しないようにしていますが、その犬があまりにも吠えるので、そっと様子を伺うと、明らかに仕事(トリミング)をしている私に向かって吠えています。これは、お泊りして退屈だから、遊んでくれと要求しているのかな? と仮定しました。

●こんなにうまくいくとは(笑)

要求吠えの基本の対処法は、「吠えている間は無視、吠え止んだらご褒美」です。そこで、その犬の声が聞こえている間は無視して仕事(トリミング)をする、聞こえなくなった(息つぎ?)瞬間、パッとその犬を見る、というのをやってみました。ホントに一瞬目線を合わせるだけです。すると、カットが終わる頃には、全く吠え声が聞こえなくなりました。その間、30分足らず。

こんなにうまくいくとは思いませんでした(笑)。というのは、私の愛犬は、要求吠えをしないので、実際に、1対1でじっくり要求吠えに対処したのは初めてだったのです。レッスンやカウンセリングでは、私はサポートするだけで、実行するのは飼い主さんですから。

●教室のレッスンだけでは難しい

レッスンや個別カウンセリングで、一番多いお悩みが、無駄吠えです。そして、一番改善が難しいのも無駄吠え…だと思っていました。でも、実際にセオリー通りに自分でやってみたら、たった30分で吠えなくなりました…ということは、〝セオリー通りにやる〟ことが難しいのではないでしょうか。

私のお店では、〝健康管理の一環〟として、しつけ教室や個別カウンセリングをしていますが、訪問レッスンはしていません。

個別カウンセリングでも、ワンちゃんの様子を観察し、飼い主さんからよくお話を伺って、その犬(コ)がなぜ吠えているか仮説を立て、対処法をアドバイスしています。

すぐにうまくいくこともありますが、「ちょっと落ち着けるようになった」くらいから、なかなか改善しないケースもあります。

●訪問レッスンしてもらうのが、1番近道

おそらく、家の環境や褒めるタイミングの微妙なズレなど、現場で1つひとつチェックしながら、改善していく必要があるのだと思います。それには、家庭犬専門のトレーナーさんに訪問してもらって、直接見てもらうのが1番!

それで飼い主さんがセオリー通りにできるようになれば、改善する可能性アリアリです! 愛犬のその無駄吠え、諦める必要はありませんよ!!

5章　しつけのうまい人がトイレのしつけでやっていること

34　トイレは落ち着ける場所でしたい

●まずはセッティングから

サークル内は、1章レッスンの図（下）のような感じに。クレート（寝床）とトイレは、できるだけ離します。

問題は、このサークル自体の設置場所です。1章8で、リビングに広めのメインサークル、寝室に小さめのサークルが理想とお伝えしました（もちろん、住宅事情によってサークルは1つでも構いません）。トイレの問題が起こりやすいのは、リビングのメインサークルです。

人の出入りが多いドア付近や、外の音がよく聞こえる窓付近は、犬が落ち着けません。また、音に敏感なので、テレビ・オーディオの近くも、できれば避けてほしい。

つまり、メインのドア・通りに面した窓・テレビがない壁側が、最適解になります。

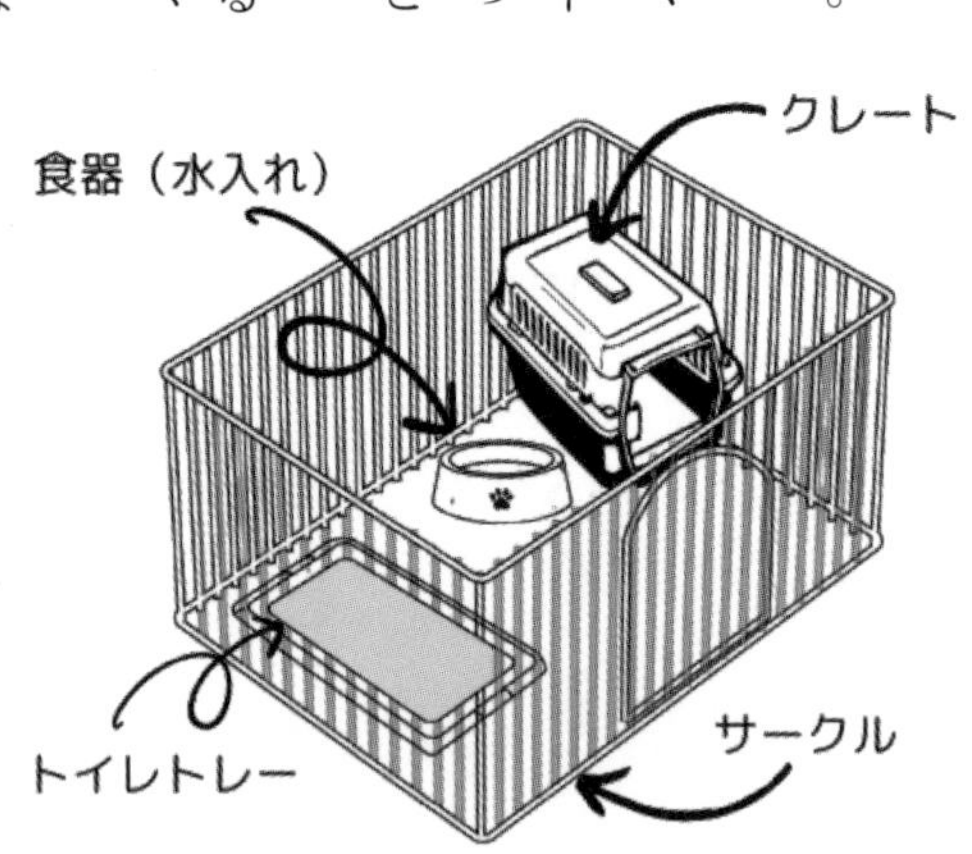

●トイレトレーの選び方

愛犬が家に来てしばらくは、サークル内のクレート以外の床は、ペットシーツを敷きつめます（詳しくは次項）。

ペットシーツの上で排泄することに慣れたら、徐々にトイレトレーに替えていきます。

ペットシーツだけでも構わないのですが、ワンちゃんがホリホリしたり蹴とばしたりすると、すぐずれてしまうので、トイレトレーが便利だと思います。

ペットシーツからできるだけ違和感なく移行させてあげたいので、最初は縁が低いトイレトレーを選んでください。シーツをビリビリに破いてしまう犬には、シーツを押さえるメッシュカバーがついたものを選びましょう。

サイズは、小さいと失敗しやすいので、ワンちゃんの体の倍くらいの大きさがあったほうがいいです。体重5kgくらいまでの小型犬ならワイドサイズ、それより大きい犬は、できればスーパーワイドサイズがおすすめです。

しばらく使ってみて、うまくできないようなら、別の形状のものを試します。排泄前にクルクル回ってトレーからはみ出してしまうなら、ワンサイズ大きいものか、縁が高くなっているものに替えてみましょう。トレーは替えずに、縦横の配置を変えてみるという手もあります。

また、プラスチックの縁を噛んでしまうなら、アクリル製や金属製のものもあります。

●あんまりジロジロ見ないで！

誰かにじーっと見られながら排泄するのは、犬だって落ち着きません(笑)。しつけがうまい人は、愛犬が排泄しはじめたら、視界の端っこでさりげな～く確認して、排泄し終わったら、(成功していたら) すかさず褒めます！

ワンちゃんにも、トイレは心静かにさせてあげてくださいね♪

35　もよおしたときにペットシーツの上にいる

●足の裏の感触でトイレを覚える

猫は、猫砂を置いておけば、たいてい、そこでしてくれます。なので、犬もペットシーツを敷いておけば、勝手にしてくれる…と思っている方が、時々いらっしゃいます。実際は、教えなくてもトイレを覚えてくれる犬のほうが少数派（ごく少数派！）です。大多数のワンちゃんには、トレイトレーニングが必要なのです。

それも、ペットシーツを指さして「ここがトイレだよ」と言っても伝わりません。犬にトイレを覚えてもらうとき1番重要なのは〝足の裏〟です！　犬は、〝足の裏〟の感触でトイレを覚えます。

だから、子犬の頃に布製のモノの上で排泄していると、玄関マットやお布団に粗相しやすくなります。ペットシーツがトイレだよ、と覚えてもらうためには、「もよおしてきたときに〝必ず〟ペットシーツの上にいる」状態をつくる必要があります。

●トイレトレーニングの大原則

大事なことなのでもう1度書きますが、「もよおしてきたときに〝必ず〟ペットシーツの上にいる」のがトイレトレーニングの大原則です！トイレのしつけで困っている場合、ここがちゃんとできていない可能性が高いです。

この大原則には3つのポイントがあります。

1つめは「サークルで囲う」。囲われていれば、成功しかできません。寝るときやお留守番以外は、クレートをどけて、全面ペットシーツにしてもOK！

2つめは「成功したらご褒美」。サークルのすぐ横に必ずご褒美の食べ物（初めは竹（SR）、

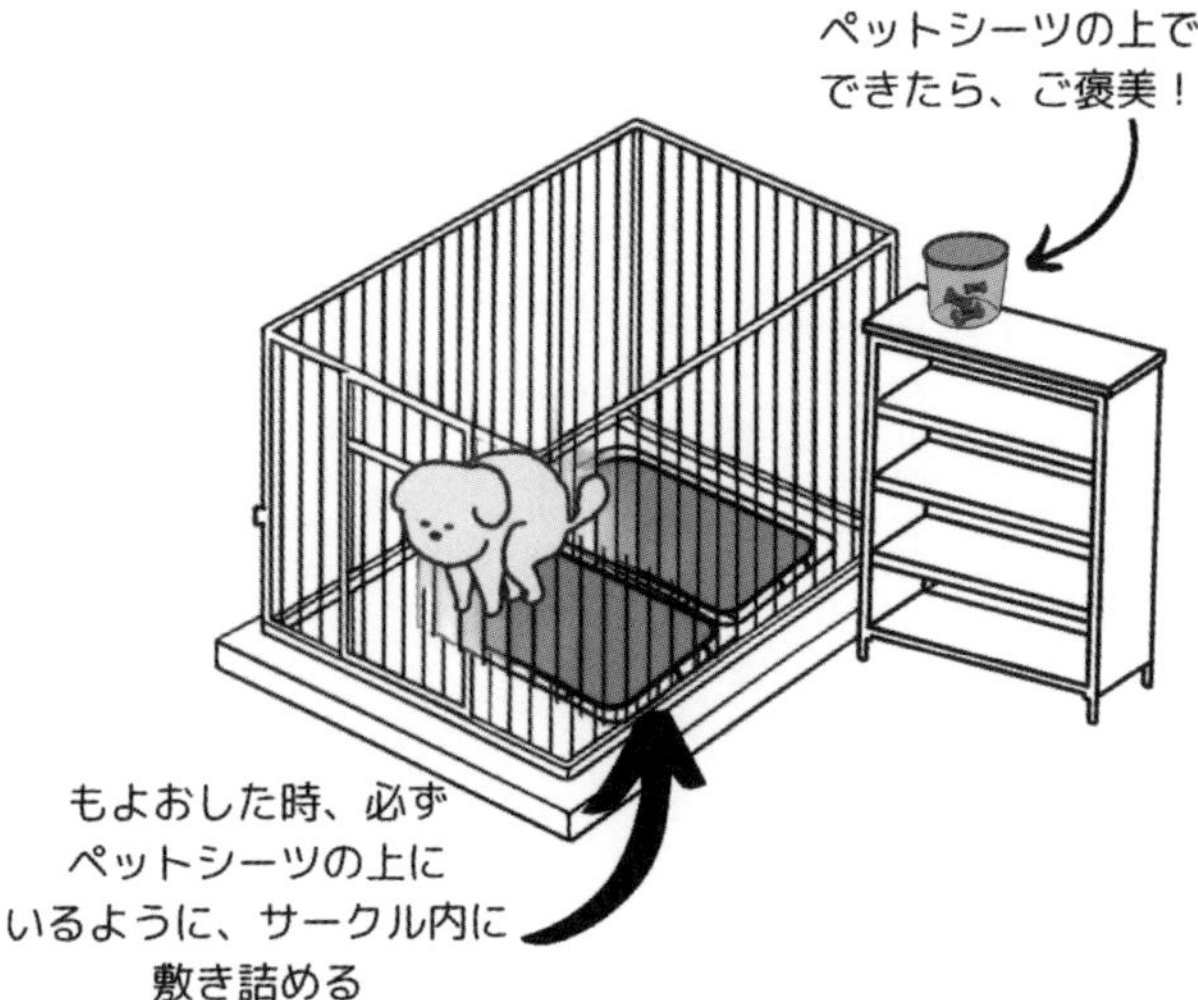
ペットシーツの上で
できたら、ご褒美！
もよおした時、必ず
ペットシーツの上に
いるように、サークル内に
敷き詰める

慣れてきたら梅（R）でOK）を用意しておいて、排泄したら、褒めてから与えます。

3つめは「排泄するまでサークルから出さない」。体に不調がなければ、排泄は必ずするものです。ここで根負けしないように！

●タイミング・兆候を観察する

しつけがうまい人は、愛犬の排泄のタイミング（起床時・食事後・運動後など）をしっかり把握して、そのタイミングで、必ずサークルに入っている状態にします。また、排泄前にソワソワしたりクルクル回ったりといった〝兆候〟を見せる犬もいます。サークル外で兆候を見かけたら、ご褒美で誘導するか、サッと抱き上げてサークルに入れます。

シーツの感触をトイレと覚えてくれたら、シーツがあればどこでも排泄できるし、掃除も楽になります。愛犬に快適に過ごしてもらうために、シーツ＝トイレをしっかり覚えてもらいましょう！

36　失敗は華麗にスルー、おむつは最後の手段

●失敗したときに叱ると…

愛犬がペットシーツ以外で排泄してしまう場合、原因は主に3つ考えられます。

1つめの原因は、前項のトイレトレーニングがキッチリできていない、自己流でやってしまったケース。

まだ足の裏がペットシーツの感触を覚えてないのに、シーツを全面に敷いていない、排泄のタイミングでサークルに入ってない、排泄してないのにサークルから出してしまう、などなど。

最初はちゃんとできてたのに、徐々に失敗が多くなってきたという場合も、もう1度、最初からトイレトレーニングをするのが有効です（稀に、泌尿器疾患でトイレができなくなってしまうことがあります。急にトイレの失敗が多くなった場合、まずは動物病院で検査してもらってください）。

2つめの原因は、排泄中に叱ってしまったケース。トイレ以外で排泄しているシーンを見つけて、思わず大きな声で叱ってしまった…という場合、犬は「排泄することがダメ」と認識してしまうことがあります。

すると、飼い主に見つからないように〝隠れて〟排泄するようになります。「愛犬が家に来てから5年、1度も排泄しているところを見たことがない。いつのまにか廊下などでしている」というご相談もありました。こうなると、改善はなかなか難しくなります。

3つめの原因は、失敗したら「飼い主さんの興味が惹けた」という経験をしているケース。排泄したら、飼い主さんが慌ててこっちにきたとか、「あー！　またこんなところにして！」なんて声をかけてもらったとか。失敗したときに、リアクション＝〝ご褒美〟を与えたケースです。

●文句を言わずに、すぐ片づける！

しつけがうまい人は、もし、愛犬がペットシーツ以外で排泄しているところ、したあと、を見つけても、ノーリアクションです。無言ですぐに片づけます。そうすれば、無意識の罰も、無意識のご褒美も与えずにすみます。

排泄の失敗を見つけたら、「も〜！」と文句を言いたくなる気持ちはわかります。ですが、そこは愛犬の失敗ではなく、「排泄のタイミングにサークルに入れてあげられなかった」「排泄を待たずにサークルから出してしまった」というふうに、自分の失敗と受け取ってみると、文句を言う気持ちにならないんじゃないでしょうか。

●マナーベルト・マナーパンツは家でするものじゃない

最近は、ホームセンターなどで使い捨てのマナーベルト・マナーパンツ（おむつ）が手軽に購入できるようになったので、トイレのしつけをしなくても、おむつをすればいいじゃない、と思われる方もいらっしゃるかもしれません。でも、あれは〝マナー〟とネーミングされているように、お出かけ先で、万が一の粗相を防ぐためのものです。自宅用ではありません!!

犬の皮膚は、人間の赤ちゃんよりも弱い（薄い）と言われています。そんな繊細な皮膚におむつをすれば、蒸れたり擦れたりで、すぐ肌荒れしてしまいます。麻痺などの身体的な理由がない限りは、自宅でおむつをしなくてもいいように、トイレトレーニング、がんばってあげてください！

37 寝床にする・ウンチを踏んじゃうなら配置を変える

●寝床は屋根付き＝クレートですか？

ベッドに排泄しちゃう、というお悩みもよく聞きます。足の裏がペットシーツではなく、布製品をトイレと認識してしまっているのですね…。

まず、確認してほしいのですが、寝床はクレートですか？　基本的に犬は、屋根がある寝床では、あまり排泄したがりません。屋根があることでニオイが籠ったり、中で排泄前の動き（ホリホリしたりクルクル回ったり）がしづらいからです。

ペット用のベッドやクッションといった、上が囲まれてない（屋根がない）寝床だと、開放的すぎて、気持ちよく排泄できてしまうんでしょうね。寝床をクレートに替えるだけで、ベッドに排泄する失敗がなくなることがあります。

クレートに慣れていないなら、ハウストレーニング（1章レッスン）からがんばってみましょう！

それと同時に、トイレトレーニング（5章35）をやり直して、足の裏に「ペットシーツがトイレ」と覚え直してもらうと、より効果的です。

●それでも排泄するなら配置を変えてみよう

それでも寝床に排泄しちゃうなら、トイレの配置を変えてみるのも1つの方法です。これまで、サークルの中にクレート（寝床）を置くと説明してきましたが、サークルが狭いとトイレと寝床との区別がつきにくくなります。

クレートのドアを外して、サークルの入り口とドッキングさせるような配置（下図）にしてみてください。この配置だと、サークルが狭くても、寝床とトイレの区別がつきやすくなります。足の裏がペットシーツの感触をトイレと覚えるまで、サークル内全部にシーツを敷き詰めるのもOKです！

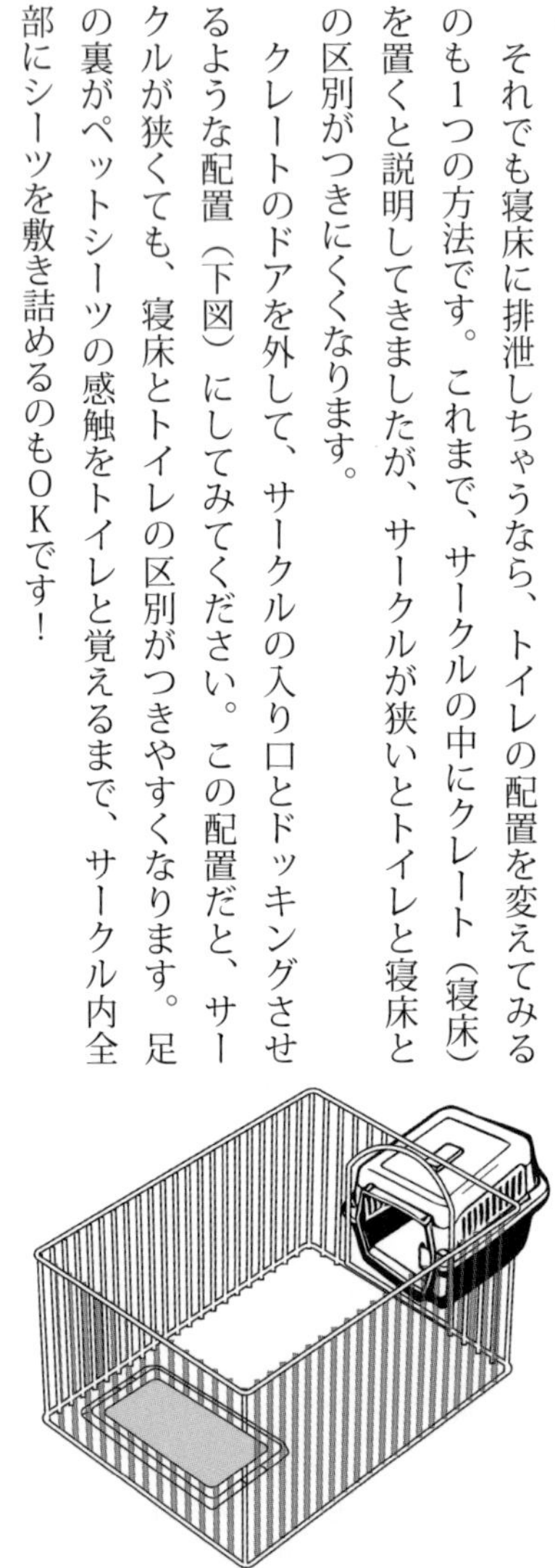

●興奮しやすい場所をトイレにしない

夜の間やお留守番の間にウンチをして、それを踏んづけてしまう、というご相談も結構あります。その場合も、寝床とトイレの位置が重要です。近いと踏んづけてしまう確率は上がります。右図のように、寝床とトイレの間をできるだけ空ける配置にしてみましょう。

また、部屋のドアに近いところにトイレがあると、飼い主さんが入ってきたときに興奮して、トイレにしていたウンチを踏んでしまうということもあります。その場合は、下図のように配置を変えてみましょう。

トイレは、習慣になると変えるのがとても大変です。問題を見つけたら、早め早めに対処して、定着させないようにしましょうね！

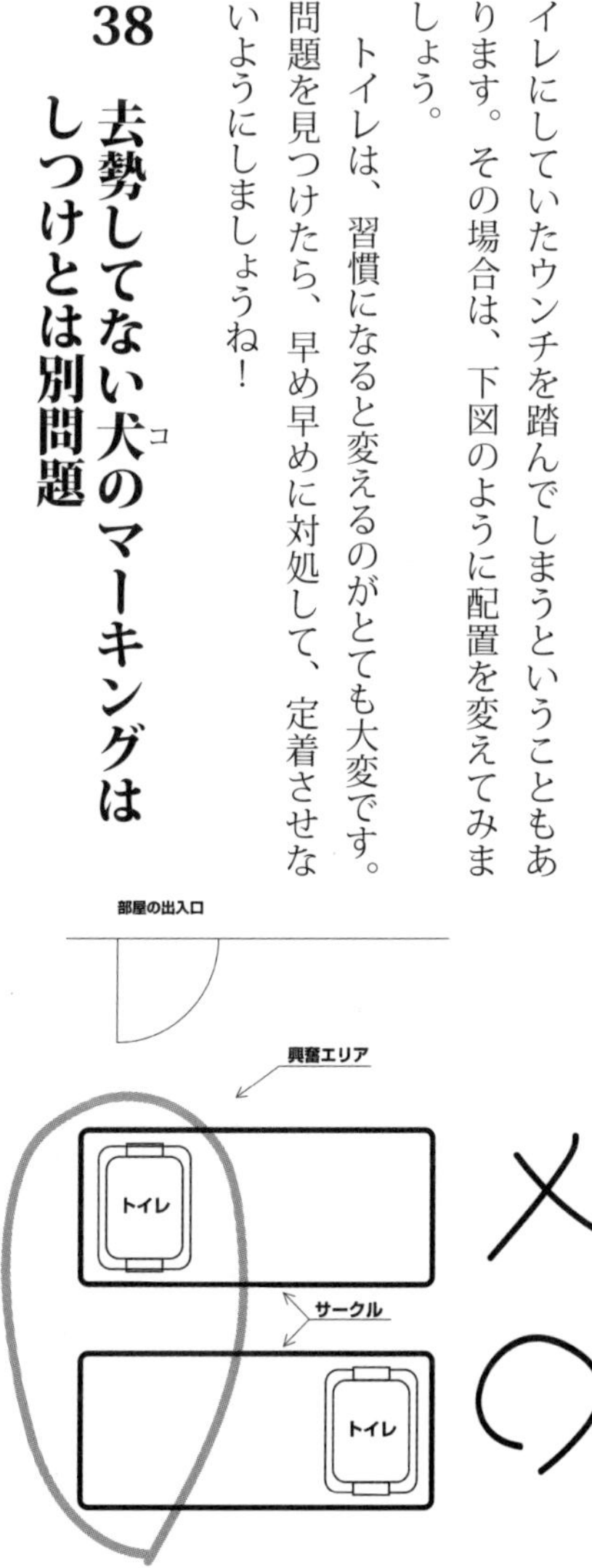

38 去勢してない犬のマーキングはしつけとは別問題

●去勢してない犬のトイレ相談は受け付けません！

最近はめっきり少なくなりましたが、一昔前は、去勢していない男の犬のマーキング（オシッコのニオイ付け）を止めさせたいという相談がありました。愛犬の不妊・去勢手術、だいぶ当たり前になってきていますが、最近でも、時々手術をしていない犬を見かけます。

犬には、「生きる」ための本能（生存本能）と同じくらい重要な「子孫を増やす」ための本能（生殖本能）があります。去勢してない犬のマーキングは、生殖本能に基づく衝動＝欲求です。「生きる」

ために必要な〝ご飯を食べる〟〝寝る〟ことと同じくらい強い欲求なんです。

しつけがうまい人でも、経験による習慣づけ＝しつけで、生殖本能をコントロールするのは至難の業です。それほどの衝動を抑えるとなると、犬への負担も相当なものになります。

●去勢のメリットは大きい

マーキングの1番の対策は、去勢です（去勢してからも足を上げてマーキングのようなオシッコをする犬の場合は、しつけで対応可能）。若いうちに去勢をしたほうが、メリットは大きいです。

まず、ストレスが減ります。生殖の必要がなくなるので、ほかの犬と争ったり、女の犬のホルモンで発情したりしなくて済むため、精神的な緊張がなくなります。

次に、男性ホルモン由来の病気を防ぐことができます。私の体感で、去勢していない犬の8割以上が、シニア期になると肛門周り、前立腺、精巣そのものにトラブルを起こしています。

あとは、本能からのマーキングはなくなります。ただ、既にマーキングがクセになっている犬は、去勢してもそのクセが残ることがあります。それを防ぐには、去勢手術の抜糸後、ホルモンバランスが変わってくる1か月以内に、集中してトイレトレーニングをやり直しましょう！

デメリットとしては、代謝が落ちて、ストレスがなくなるために、太りやすくなります。ただ、うちの愛犬ニコラは、むしろ痩せ気味。適切な食事量・運動量を見つけてあげることで、去勢しても健康的な体型は維持できると思います。

めったにありませんが、手術時に股関節を痛めたとか、術後に毛質が変わった等々のデメリットもあります。が、世の中に、100%メリットだけの物事などありません！　私は、3000頭以上のワンちゃんとかかわってきて、シニア犬を何頭も見送った経験上、オス・メス共にメリットのほうが多いと思うので、基本的には不妊・去勢手術をオススメします。

●「かわいそう」と思ってしまうのは…

もし、不妊・去勢手術を「かわいそう」と思ってしまうなら。あなたご自身が、生殖について何かこだわりがあるのかもしれません。でも、あなたと愛犬は、別の存在です。愛犬を導くのは飼い主ですが、愛犬の幸せ（精神の安定）を実現するのも、飼い主の役割です。ご自分のこだわりは横に置いておいて、愛犬の生涯を考えてあげてくださいね♪

39　食糞は4つの対策で！

●4つの原因と対策

カワイイ愛犬がウンチを食べる姿は、初めて遭遇するとかなり衝撃的ですよね。さらにその後、愛犬が顔を舐めに走ってきたりしたら…いくらかわいくても「今だけは寄ってこないで！」となりますね（笑）。

犬がウンチを食べる原因は、4つほど考えられます。複数当てはまるケースが多いので、しつけがうまい人は、食糞を止めさせる場合、4つの原因への対策を全部やります。といっても、1つひとつはそんなに難しいものではありません。

原因その①……お腹が空いている

特に、育ち盛り食べ盛りの子犬期は、飼い主さんが思っている以上にエネルギーが必要です。生後5か月くらいまではお腹ポンポコリンになって構わないので、しっかり食べさせてあげましょう。成長期が終わると食欲が落ち着くので、自然に食糞をしなくなることもあります。

原因その②……未消化の食べ物 or 食べ物のニオイがそのまま排泄されている

子犬は腸が未発達なうえ、子犬用のドッグフードは栄養満点です。すると、食べ物が未消化のままだったり、フードのニオイがしたりして、ウンチ＝食べ物と認識しやすい状態になります。なので、腸の成熟に伴い、ウンチを食べなくなることもあります。

が、ニオイの強いフードや蛋白質（たんぱくしつ）が多い食餌だと、成犬になってもウンチ＝食べ物の認識が変わらないことも。その場合は、フードを変えてみる、ご飯に野菜を混ぜてみるなど、ウンチのニオイを減らす対策をしてみてください。稀にお腹に寄生虫がいる、消化器にトラブルがある、などで、栄養をちゃんと吸収できていないケースもあるので、まずは動物病院で相談しましょう。

原因その③……おもちゃ兼おやつと認識している

ペットショップで1頭だけで展示されていた時間が長かったり、子犬の時期にお留守番が多かったりすると、暇つぶしに自分のウンチで遊んでしまうことがあります。遊んでいるうちに食べてしまうのが定着してしまったというケース。お留守番が長いときは、1章6の対策をしましょう。

原因その④……ウンチを食べたときの飼い主のリアクションが面白い

ウンチを食べると「ギャー！」と慌てふためく飼い主。犬にとっては、さぞかしオモローでしょう。なので、食糞シーンを見ても、華麗にスルーです。また、ウンチはすぐ片づけたほうがいいのですが、愛犬がウンチを「盗られる！」と思ってしまうと、排泄しながら食べるなんてことになりかねません。ウンチと反対方向におやつを投げて、愛犬がおやつを食べている間に片づけましょう。

●自然界では普通のこと

飼い主さんが食糞を気にしすぎると、それが愛犬に伝わって、愛犬は余計にウンチに執着してしまいます。

母犬は子犬のウンチを食べますし、自然界では未消化の排泄物を食べるのは普通のことなので、「やめてくれたら嬉しいな」くらいの軽い気持ちで取り組みましょうね。

《レッスン》トイレの呪文

●号令(コマンド)でトイレをさせるのは意外とカンタン！

盲導犬が「ワンツー、ワンツー」という号令(コマンド)で排泄するのを、テレビなどで見たことあるでしょうか？「あんなの、盲導犬になるような賢い犬だからできるんでしょ？」と思います？

実は、号令（コマンド）で排泄させるのは、意外とカンタンなんです♪

練習方法もカンタンで、愛犬が排泄しているときに、呪文（号令（コマンド））をささやくだけ（笑）。ちょっとコツは必要なので、解説していきますね。

●練習するときのコツ

初めは、排泄し始めるのを見つけたときだけ呪文をかけます！（排泄の兆候がないときにやるのは逆効果）排泄が始まってから終わるまで、愛犬の横で呪文（号令）をささやきます。家でトイレトレーニングしているときでも、お散歩中でも、排泄し始めたら、いつでも練習できます！

① 呪文はなんでもいい…号令（コマンド）となる呪文の言葉は、なんでも構いません。盲導犬のようにカッコよくするならオシッコ＝「ワン、ワン」、ウンチ＝「ツー、ツー」だし、お子さんがいるなら、お子さんにかけていた言葉でOK！ ちなみに我が家は、シーシーとウンウンです（笑）。

② 呪文を唱えるように…大きな声だと、犬がビックリして排泄を止めてしまうことがあります。静かな、平坦な声で、淡々と唱えましょう。

③ 愛犬のほうを見ない…ジッと見られるのも、犬はイヤがります。呪文を唱えている間は、できるだけ愛犬のほうを見ないようにしましょう。

④ 終わったらよく褒める…排泄が終わったら、よく褒めましょう！ ご褒美をあげてもOKです。

●3日〜3週間くらいで覚える

排泄を見かける度に呪文をかけておくと、早くて3日、大体3週間かからないくらいで、呪文を聞くと、もよおすようになります。ただ、オシッコもウンチも全然ないときに呪文をかけると、無視する経験になってしまいます。排泄のタイミングに合わせて呪文をかけましょう！

【実例】呪文&ペットシーツで旅先でも安心♪

●トイレのコントロールができると、旅が楽チン♪

私は、源泉かけ流し温泉が大好きで、仕事が忙しくても1年に1回は旅に出ます。そのときは、もちろん愛犬も一緒！　幸い、夫も旅行と車の運転が好きなので、必然的に犬連れ車旅となります。

犬連れ旅には、いろいろなコツや注意点があります。宿の選び方・持ち物・予定の立て方、等々…（ブログ・インスタグラムにて犬連れ旅のコツや旅日記を配信中！　興味がある方は、チェックしてみてください）。その中でも、トイレをスムーズにしてくれると、旅がかなり楽チンになります。

我が家の愛犬たちには、ペットシーツをトイレと認識してもらって（5章35）、トイレの呪文（5章レッスン）も教えているので、屋内・屋外を問わず、してほしいタイミングで排泄させることができます。移動途中に雨が降っているときなどでも、ちょっとした屋根があれば、ペットシーツを1枚敷いて、呪文をかければしてくれるので、本当に助かります。

●宿や観光施設、神聖な場所では、マナーベルト・マナーパンツ

ただ、何事にも100%はありません。犬同伴OKの宿やカフェなどでは、事前にトイレを済ませていても、ほかのワンちゃんのニオイがあると、オシッコをしてしまうことがあります。旅先では、興奮や緊張で、いつもは絶対にしないことも、失敗してしまうことは珍しくありません。「うちの犬は大丈夫」と思っていても、宿や観光施設では、マナーベルト・マナーパンツ着用が、それこそマナーです！

私は、神社巡りも大好きで、境内犬連れOKのところは一緒に行くのですが、さすがに神社で排泄はNGなので、ニコラにはマナーベルトをしてもらいます。インドア派なので（笑）、トレッキングなどはしませんが、自然や生態系が豊かなところも、排泄はさせないほうがいいでしょう。

●犬同伴NGにならないように

ペットフレンドリーな宿や観光施設が増えている一方で、以前はペット同伴OKだったのが、NGになることも結構あります（関東のとある大好きな神社が、同伴犬NGになってショックでした）。

ＮＧになる理由は、おそらくですが、吠え声か排泄、咬傷事故かなと思います。
いずれにしても、しつけと事前準備で防げることです。愛犬と楽しめる素敵な場所が犬同伴ＮＧにならないように、私たち1人ひとりが気を付けましょうね！

ワタベなみのブログ
https://www.inu-shitsuke-kenko.com/blog
インスタグラム
https://www.instagram.com/nami.watabe55/

NAMI.WATABE55

6章　しつけのうまい人は、問題行動が「できない」環境をつくる

40　イタズラしたい気持ちを発散させる

●運動したい欲求を解消する

犬の問題行動といったら、なにが思い浮かびますか？　吠える・噛む・破壊する・トイレの失敗・分離不安…これらの問題の半分くらいは、運動不足が原因です（もう半分は、飼い主さんが犬の要求に応えすぎ・犬をかまいすぎ）。

犬は、というか、動物は、狩りをして食べ物を得て生きていくワケですから、「生きるための本能（生存本能）」として〝狩りをしたい〟＝運動欲求があります。その欲求を利用したのが、ワーキングドッグですね。羊を追ったり、人間の狩りを手伝ったり、橇（ソリ）を引いたり。これが家庭犬（愛玩犬）になってしまうと、狩りもしなくていい、仕事もしなくていいってことになります。これでは、〝狩りをしたい〟＝運動欲求は満たされません。

生まれた欲求は、解消するまで消えないので、何かで解消することになります。それが、過剰に吠える、家具を破壊する、興奮しすぎて噛む、といった問題行動です。欲求不満が、問題行動の〝種〟になっているワケです。

しつけがうまい人は、運動欲求をうまく解消することで、問題行動の種を育てません。

●隠れ欲求

「うちの犬、あまり動かないし、お散歩キライなんだけど…」という場合。「外が怖い」とか「体が重くて or どこか痛くて、動くのが苦痛」のように、運動したい欲求より、不快な気持ちが勝っている可能性が高いです。人間も含めて、全ての動物には『不快を避けて、快を求める』という原則があります。

本当は運動したい本能があるのに、それ以上に〝屋外が不快・運動が苦痛〟となると、欲求は解消されずに、ストレス（イライラ）だけがそのまま残ってしまいます。

肥満などで運動するのが億劫になっているなら、まずはダイエットです！　脂肪細胞が多いと、体のトラブルも起こりやすいので、健康のためにも、スムーズに動ける体型を維持してあげてください。

屋外を怖がる場合は、4章・6章を参考に、お散歩が好きになる練習をしてみましょう。

●家の外に行くだけで脳ミソフル回転

犬は、テリトリー内だと、リラックスしています。これが一旦、テリトリー外に出ると、全方位に集中するので、脳ミソはフル回転です。〝考えながら動く〟のが1番エネルギーを使います。だから、お散歩が運動欲求の解消に最適なのです。

天候や体調でお散歩ができない場合は、抱っこやバギーでの外出でも構いません。テリトリーの外に出るだけでも、脳にとっては、よい刺激になります。

また、屋内で脳ミソを刺激するには、1章5で紹介した知育玩具やノーズワークマットを使った遊びや、4章のレッスンのような頭を使ったトレーニングも有効です。欲求不満は、細(こま)めに解消しておくのが吉ですよ！

41　問題を〝起こせない〟環境をつくる

●そこに〝モノ〟があるから

洗濯物を盗って逃げます、とか、ゴミ箱を漁るんです、といったご相談を受けることがあります。そういうときは、逆に「なぜ、ワンちゃんの行動範囲に洗濯物やゴミ箱を置くのですか？」とお聞きしています。魅力的なニオイがして咥えやすくて、それを持ち逃げしたら飼い主が「あーーっ!?」って喜んでくれるモノが目の前に置かれていたら…？

犬は、興味が惹かれるものを目の前にして、なにもせずに我慢することはできません。あたかも、そこに山があると登ってしまう登山家のように、そこに〝モノ〟があるから、イタズラをしてしまうのです。

●「目から鱗です！」

帰宅したら必ずバッグを漁られます、というご相談を受けたので、「じゃあ、バッグを隣の部屋に置いたらどうですか？」と言ったら「……目から鱗です！」と驚かれたことがありました。

愛犬が問題行動をするとき、多くの飼い主さんは「どうにか止めさせられないか」と考えるようです。本書ではここまで、なにかを〝させる〟のはカンタンだけど、〝させない〟のはムズカシイと、しつこく書いてきました。〝させない〟ようにしつけをするのは時間がかかるし、失敗する可能性もあります。なので、しつけがうまい人は、その行動を〝させない〟ではなく、〝できない〟環境をつくることを優先します。

洗濯物、ゴミ箱、バッグなどは、愛犬がいない（入れない）部屋に置けばいいですね。電気製品のコードや観葉植物、カーペットの端や壁紙（クロス）など、イタズラすると危ないけど、簡単に動かせないものがある場合は、ワンちゃんがそこに行けないようにしましょう。

犬用のゲートやサークルでもいいし、犬の大きさによっては、赤ちゃん用のゲート・サークルや100均のワイヤーネットが使えます。赤ちゃん用は種類（大きさ・形状・素材）が豊富ですし、100均のものはお部屋に合わせて自由にＤＩＹできます。

特にお留守番のときは、ワンちゃんが動ける範囲は制限しておきましょう。フリーで放しておくと、思わぬ事故が起きかねません。

●想像以上に根性がある

このとき、気をつけたいのが「犬の根性」です。飼い主の想像を軽く超えてくると思って構いません。特に、ターゲットが食べ物の場合、絶対届かないだろうと思ったところに置いても、どうにかしてゲットしにきます。小型犬でも、ソファやテーブルを伝って、1メートルを超える高さの棚の上にある食べ物を獲ったりします。

家具の配置やサークル・ゲートの高さ・形状は、愛犬の運動能力と根性を、多めに見積もって決めましょう。

そして、問題行動をしているなら、まずは、その行動を〝しないですむ〟にはどうしたらいいかな、と考えるのをクセにしてみてくださいね！

42 甘噛みしたら、立ち去る

●〝甘噛み〟は〝噛み〟

「甘噛みって、大きくなったら、しなくなりますよね」とか「ちょっとだけ噛んでくるんです。甘噛みだからいいんですけど」という飼い主さんがいらっしゃいます。4章32で触れましたが、自然界では、母犬や兄弟犬から叱られて、甘噛みをしなくなります。ということは、ちゃんと教えないと、甘噛みは続くということです。

というか、乳歯から永久歯への生え変わりのとき以外の「噛み」は、甘噛みではありません！　歯が生え変わる前後は、ムズムズするので噛みたくなるのは当然です。これは「甘噛み」です。この時期は、噛んでもよいおもちゃでしっかり噛ませる・遊ばせる必要があります。

ですが、人の手や足、服を噛むのは、人間界で暮らすルールとして、絶対にNGです！　人の手足・服を噛むのは、「甘噛み」ではなく「噛み」と、飼い主さんが認識する必要があります。〝してはいけないこと〟だと教えずに放置すると、かなりの確率で本気噛みになります。

●皮膚・服に歯が当たったら終わり

愛犬に「それはルール違反だよ」と教えるには、コツが必要です。4章32で紹介した母犬の「ガウッ！」のように叱る方法もありますが、何度もやると効果がなくなります。要は、〝噛む→悪いコト〟が起これればよいのです。ワンちゃんにとって悪いコトとは…？　ここまで読んでくださったあなたならわかりますね！　そう、「ノーリアクション＝無視」です。

人の皮膚・服に歯が当たったら、そこで愛犬との関わりは終わりです。しつけがうまい人は、遊んでいようがなにをしていようが、愛犬の歯が皮膚・服に当たった時点で、その場から立ち去ります。立ち去ることができないシチュエーションなら、一切目も合わせず、無視します。

これを繰り返すことで、犬は、噛んだら嫌なコトが起こる（無視される）↓噛むのはルール違反なんだ！　と学んでくれるのです。

〝効いてる〟と思わせない

ただ、やんちゃな犬、動きが早い犬の場合、歯が当たってからグッと噛むまでの動作が早くて、立ち去れないことがあります。そのとき、「イタタタタッ！」と反応してしまうと、「噛む」ことが〝効いてる〟と思われてしまいます。すると、なにか気に入らないことがあったら、すぐに〝噛んで〟対処する犬になってしまいます。

痛くても、そこはがんばってノーリアクションで「効いてない！」風を装ってほしいところです。

〝噛み〟は愛犬を窮地に立たせる

ワンちゃんが、〝噛むことが有効だ〟と認識していると、家族以外にもその認識を当てはめてしまうようになります。もし、なにかの拍子に家族以外を噛んでしまったら…たとえ、ちょっと歯が当たっただけでも、ケガをさせたら責任問題になってしまいます。

「ルール」を教えるのは、飼い主さんの役目です！　ここは、しっかりがんばってくださいね！

43 させたくないコトは、最初から知らなければノーストレス！

●ソファのフカフカを知っているのに…

犬は、過去の経験によって行動を決定する、未来を予測する、とお伝えしてきました。だから、ルールは一貫しておかないと、愛犬にガマンを強いることになり、思わぬストレスを与えてしまうことがあります。

たとえば、ソファには乗ってほしくないご家庭があるとします。それなら、愛犬をソファがある部屋に入れない、ゲートやサークルで仕切る、お手入れやリラックスタイムをソファでしないなど、最初からソファに近づけないようにします。

でないと、1度でもソファの寝心地を知ってしまったら、愛犬は「あそこに上がりたい」と思うようになってしまいます。

また、昨日はソファに上がらせたけど、今日はお客さんが来るからダメ、というのは犬には通用しません。どうしてダメなの⁉　と興奮したり、吠えたり、ソファをガリガリしたりといった問題行動に繋がってしまいます。

●〝ガマン〟させるのと〝知らない〟どっちがいいですか？

ソファでも、ベッドでも、入ってほしくない部屋（畳の部屋とかアレルギー持ちのご家族の部屋とか）でも同じです。前項の〝甘噛み〟も、そうです。「ちょっとならいいよ」をしてしまうと、それは、バッチリ愛犬の経験になってしまいます。愛犬は、前はその経験をしたのに、次はしちゃダメと言われる…それは、その行為をガマンさせることになりますね。

初めから、ソファやベッドのフカフカを知らなければ、畳をガリガリする楽しさを知らなければ、ガマンする必要はないんです。人間だって、ダイエットしているときに、冷蔵庫の中になにも入っていなければ全く平気だけど、ケーキが入っているのを知っていたら、すごくガマンしなくちゃいけないですよね。

●無用なストレス

しつけがうまい人は、愛犬にしてほしくないことは最初からしないし、させません。先に挙げたソファやベッド、甘噛みもそうですが、「食卓から食べ物をあげる」ということもしません。

食卓には、犬が食べられそうなもの（調味料などで味付けしていない野菜や果物、肉など）も乗っていますが、食べさせないほうがいいものもたくさん乗っています。「これは犬が食べられるからあげる」と食卓から食べ物を与えると、犬は、食卓には美味しいモノが乗ってる！　食卓に乗ってるものは貰える！　と経験します。はい、食事中にずっとおねだりする犬のできあがりです。

おねだりは、どんどんエスカレートしていきます。食事中、テーブルの周りをずっとウロウロしたり、膝に飛びついたり、ひどくなれば要求吠えへと繋がっていきます。そうなってから、食事中は別室やハウスに入れるとなると、愛犬に相当なガマンを強いることになります。食卓からもらった経験がなければ、おねだりする必要もありません。無用なストレスを与えなくてすみますよね！

44 ハウスを罰の場所にしない

●「ハウスしてなさい！」と言われて…

飼い主さんが家事をしているときに邪魔する、来客に興奮する・吠えるなど、愛犬が〝そこにいると困る〟シチュエーション、いくつか思い浮かびますよね。そんなときに「ハウスしてなさい！」と、サークルやクレートに入れられたら、ワンちゃんはどう思うでしょう？　きっと「こんなとこ入れないで〜！　出して〜！」と悲しむか、怒るでしょうね。

●〝ハウス〟は1番安らげる場所に

犬は本来、巣穴を掘って、その中で寝る動物です。また、巣穴の周囲数メートルは、敵に侵入されたくない自分たちのテリトリーです。お家に当てはめると、クレートが巣穴、サークルがテリトリーとなります。お出かけ先だと、クレートが巣穴でありテリトリーですね。

〝ハウス〟という号令は、「テリトリーに戻って、寛いでね」という意味です。だから、クレートもサークルも、敵が侵入してこない、安らげる場所でないといけません。決して、『罰』のための場所ではないのです。

しつけがうまい人は、日ごろからごはんをあげるのは、クレート内かサークル内。噛むおもちゃも知育玩具も、サークル内で与えます。愛犬に、クレートやサークルの中は、楽しく安心できる場所だと認識してもらうためです。もちろん、イタズラしたから、とか、吠えるから、という理由でハウスさせたりしません。

もし、来客に興奮するとか、掃除機に向かって吠える・噛みつく、といったことがわかっているなら、あらかじめ来客の前・掃除の前に、長く遊べるご褒美と一緒にハウスをさせておきます。すると、興奮することも、吠えたり噛んだりすることもないので、〝罰としてハウスに入れる〟という行為をしなくてすみます。

愛犬が、問題行動をする前に、それが〝できない〟ように準備しておけば、愛犬はイヤな思いをすることは一切ありません。同じ「ハウスに入れる」という行為でも、問題行動をする前に準備するのと、した後に対処するのとでは、意味合いが全く変わってくるのです。

●家全体が〝テリトリー〟になると…

ハウスを罰の場所にしてしまう飼い主さんがやりがちなのが、家全体を愛犬のテリトリーにしてしまうことです。

ハウスが罰の場所だと、愛犬はそこで寛げないどころか、入るのをイヤがるようになります。ハウスに入らないから、家の中でフリー状態…。すると、ワンちゃんにとって家全体が〝テリトリー〟になってしまいます。〝テリトリー〟には、敵が侵入してはいけないので、来客や外の音に反応して、吠えたり威嚇したりするようになります。心はちっとも安まりません。

精神が安定すれば、問題行動は出にくくなります。家の中に、愛犬の心が安らげる場所をキッチリ確保してあげましょうね！

45　痛いことは極力避ける

●痛みは、忘れない

体を触ったら唸る・噛むなどの問題行動の原因は、過去に〝痛い〟経験をしたことがほとんどです。人を含め動物には〝生存本能〟があるので、命の危険があることは、全力で拒否します。〝痛み〟＝命の危険ですから、過去に〝痛い〟経験をしたら、同じ行為を拒否するのは当然です。

犬は、過去の経験から未来を予測するので、ブラッシングや爪切り、歯磨きなどで痛い思いをしたら、その道具を警戒します。さらに痛みが強ければ、それを行った人まで警戒します。

動物病院での治療などは、その最たるものですね。獣医さんや動物看護師さんは、それをわかっているので、最近ではおやつを用意してくれていたり、気を紛らわせてくれたりと、対策してくれることが多くなりました。

●事前にわかっていることは、事前に対策する

しつけがうまい人は、事前にわかっていることは、あらかじめ対策をします。縺れた毛をとくときや、毛についた草の実を取るときなどは、毛が引っ張られると痛いので、毛の根元を持って、引っ張りが皮膚に伝わらないようにします。

固まった目ヤニを取るときは、お湯を浸み込ませたコットンでふやかしてから取る、歯ブラシはできるだけ毛が柔らかいものを使って優しく磨く、など。

生まれつき関節が悪い犬などは、抱き上げただけで痛みを感じることがあります。抱き上げるときに1度でも「キャンッ」と鳴いたり、イヤがる素振りが見られたりしたら、できるだけ関節に負荷がかからない抱き方（4つ足で立った姿勢のまま、胴体を水平に持ち上げる）をしてあげてください。

●そのお手入れ、必要ですか？

歯磨きやブラッシングなど絶対に必要なお手入れは、痛くないようにできるスキルを磨きましょう。ただ、必要のないお手入れで、痛みを与えるのは理不尽です。

たとえば、耳掃除。人間の小児科でも「耳掃除はしなくていい」と指導されています。外耳道を傷つけるのと、耳垢は自然と耳の外に出ていく構造になっているからです。犬も、基本的な耳の構造は同じで、正常な状態なら耳の奥まで掃除する必要はありません。

耳の中に生えている毛も、抜くと皮膚が傷つくことがあるので、風通しがよくなる程度にカットするだけで十分です（耳ダニなどで耳垢が大量に出る場合は病院の指示に従ってください）。

●失敗しても慌てない

ちょっと力が入って痛くしちゃった！　とか、ちょっと深爪して血が出ちゃった！　というとき。「わ～！　ゴメンゴメン!!」と慌てふためくと、愛犬は、実際に感じた痛み以上に「ヒドイことされた!!」と感じてしまいまいます。

もし失敗しても、心の中では「ゴメン！」と思っていいので、愛犬への態度は、「大丈夫、問題ない！」と平然としてあげてくださいね！

46 苦手・キライにならない準備をする

●〝苦手〟を把握し、予測する

愛犬と楽しく暮らすためには、「できるだけ〝苦手〟なモノ・コトをつくらない」のが重要です。〝苦手〟があると、それを避けるために、問題行動が出やすくなります。

なにが苦手かは、その犬によって違います。普段から、うちの犬はどんなことが苦手かな？　キライかな？　とよく観察してみましょう。男性を怖がる、音に敏感、痛みに敏感、子供が苦手、お年寄りが苦手、よその犬が苦手、お尻（頭・手足など）を触られるのがキライ、などなど。

●克服する必要があるかどうか見極める

「うちの犬は、よそのワンちゃんが苦手で。ドッグランで一緒に遊べるようになるといいんですけど…」みたいなご相談を時々受けます。よその犬とフレンドリーに遊べると、楽しそうですよね。犬同士で遊ぶ様子は、見ていてもかわいらしいです。

でも、犬は本来、群れのメンバー以外とはあまり仲良くしません。また、フレンドリーというとよいイメージですが、「飼い主より、よその犬と遊ぶのが好き！」な犬も結構見かけます。犬同士で遊び始めると、「オイデ！」と言っても来ないし、なかなか帰らないというのは、問題ですね。

別に、よその犬（コ）と仲良く遊べなくても、家族との生活で困ることはありません。ただ、お散歩ですれ違うだけで吠えかかるとか、ドッグランに行っても怖くて1歩も動けないという感じだと、日常生活で困るし、その犬（コ）にもすごくストレスがかかります。このレベルだと、克服させてあげたほうが、ワンちゃんは幸せだと思います。

日常生活を送る上で困ることや、健康面で必要なお手入れなどは、〝大好き！〟にまでならなくてもいいので、平常心で許容できるくらいには、練習（トレーニング）してあげてほしいです。

●苦手なコトはよいコトとセットで！

しつけがうまい人は、愛犬が〝苦手〟なことが、本格的に〝キライ〟にならないように、予め準備します。うちの犬（コ）の〝苦手〟なことと、犬が一般的に嫌うこと（動物病院など）を把握したら、それと〝大好きなモノ・コト〟をセットにします。

たとえば、痛みに敏感な犬（コ）の場合、動物病院でワクチンなどの注射をすることがわかっていれば、大好きなおやつを持っていって、注射の直前から食べさせます。注射の痛みは一瞬なので、おやつを食べている間に終わってしまいます。

ほかにも、ブラッシングや足を拭かれるのが苦手なら、固めのおやつをかじらせながらする。子供が苦手なら、遠くから小学生がいるグランドなどを見せながらご褒美(おやつ)をあげて、慣れたら少しずつ近づいていく（校内には入らないように！）、などなど。

苦手なコトは、〝必ずよいコトとセット〟にすることで、問題行動にならなくてすむのです！

47 その行動は無駄だとわかってもらう

●犬はムダなコトはしない

ここまで何度もお伝えしてきたとおり、犬は、なにか行動をしたときに〝よいコト〟が起これば、次も同じ行動をしやすくなります。逆に言うと、犬がなにか行動したとき、〝よいコト〟が起こらなければ、その行動をしてもムダなので、同じ行動はしにくくなります。

犬は、過去の経験をもとに未来を予測します。「効果がない」という経験をすると、次に同じことをするのはムダなので、しない、という結論になります。彼らは、とても効率的なのです。

●その行動がムダじゃないからする

犬が問題行動をするということは、その行動をしたときに、彼らにとって〝よいコト〟が起こったということです。その行動が、〝ムダじゃない〟から、するんですね。

気に入らないことをすると噛むなら、噛んだときに手を放してもらえた・イヤなことをされずにすんだ。要求吠えをするなら、「ワンワン！」と吠えたときに、飼い主がお返事してくれた・ご褒美（おやつ）をくれた。また、来客に吠えるなら、吠えたらテリトリーの侵入者（宅急便の方とか）を追い返せた（届け物が終わったので帰っただけ、であっても）。人が大好きで興奮吠えするなら、吠えたら家に入ってきてくれた・近づいてくれた、などなど。

●ノーリアクションが最高の正解（ソリューション）

しつけがうまい人は、「この行動、してほしくないな」と思ったら、その行動には反応しません。ノーリアクション（無視）です。すると愛犬は、「あ、これやってもムダだわ」と理解して、次からその行動をしなくなります。

事実、要求吠えのご相談に来られるワンちゃん。カウンセリング中に吠えると、飼い主さんが止めようとするので、「無視しましょう」とお伝えして、放置します。大体5分も吠えれば疲れて吠え止むので、そこでご褒美（おやつ）をあげるように伝えます。ご褒美（おやつ）を貰うとまた吠えだすので、無視。吠え止んだらご褒美（おやつ）、を数回繰り返します。

すると、30分もすれば、全く吠えなくなります。1度経験すると、飼い主さんも、自分がどれだけ要求吠えに応えていたか、実感できるようです。

●「キレてな〜い」を心がける

愛犬に、唸られたり噛みつかれたりすると、怖いですよね。私もトリミング中に噛まれることはあるので、痛さ・怖さはよくわかります。ただ、そこで怯(ひる)んだり、キレたりしてしまうと、犬は「効いてる！」と思って、余計に攻撃的になります。

また、恐怖心を持って触ると、犬にそれが伝わって、「こいつは脅せば大丈夫！」と思われてしまいます。

愛犬と接するときは、プロレスラーになったつもりで「キレてな〜い」「効いてな〜い」を心がけましょう！

《レッスン》スモールステップトレーニング

●少しずつハードルを上げて成功体験を積み重ねる

人も同じで、ワンちゃんのトレーニングも、いきなりできないことには挑戦しません。失敗しない範囲で、少〜しずつハードルを上げていき、成功体験を繰り返させます。「こんなに細かく刻むの!?」と気が遠くなるでしょうか？「できない」ことに目を向けると、そう思うかもしれません。

でも、「成功する」ことが目的だと考えると、自然とスモールステップになります。少しずつステージが上がっていくゲームだと思って、楽しみましょう！　歯磨き練習の一例を紹介しますね。

●スモールステップの手順

① 歯磨きしやすい姿勢（例：小型犬＝仰向け抱っこ、中型犬以上＝膝枕）で、歯ブラシを見せて（見せるだけ！）ご褒美（おやつ）を与える
② ①の姿勢で口周りを触ってご褒美（おやつ）
③ ①の姿勢で、歯ブラシに美味しいペーストを塗って舐めさせる（舐めさせるだけ！）
④ ①の姿勢で、美味しいペーストを塗った歯ブラシを前歯に当てる（当てるだけ！）
⑤ ①の姿勢で、美味しいペーストを塗った歯ブラシを前歯に当てて、優しく動かす
⑥ 同じように犬歯に当てる→優しく動かす
⑦ 手で口を一瞬開ける→ご褒美（おやつ）！　口を3秒開ける→ご褒美（おやつ）！
口を10秒以上開ける→ご褒美（おやつ）！
⑧ 口を開けて、美味しいペーストを塗った歯ブラシを奥に一瞬入れる
⑨ 美味しいペーストを塗った歯ブラシを奥歯に当てる→奥歯に当てて優しく動かす
⑩ 同じステップで〝歯の裏側〟も慣らしていく

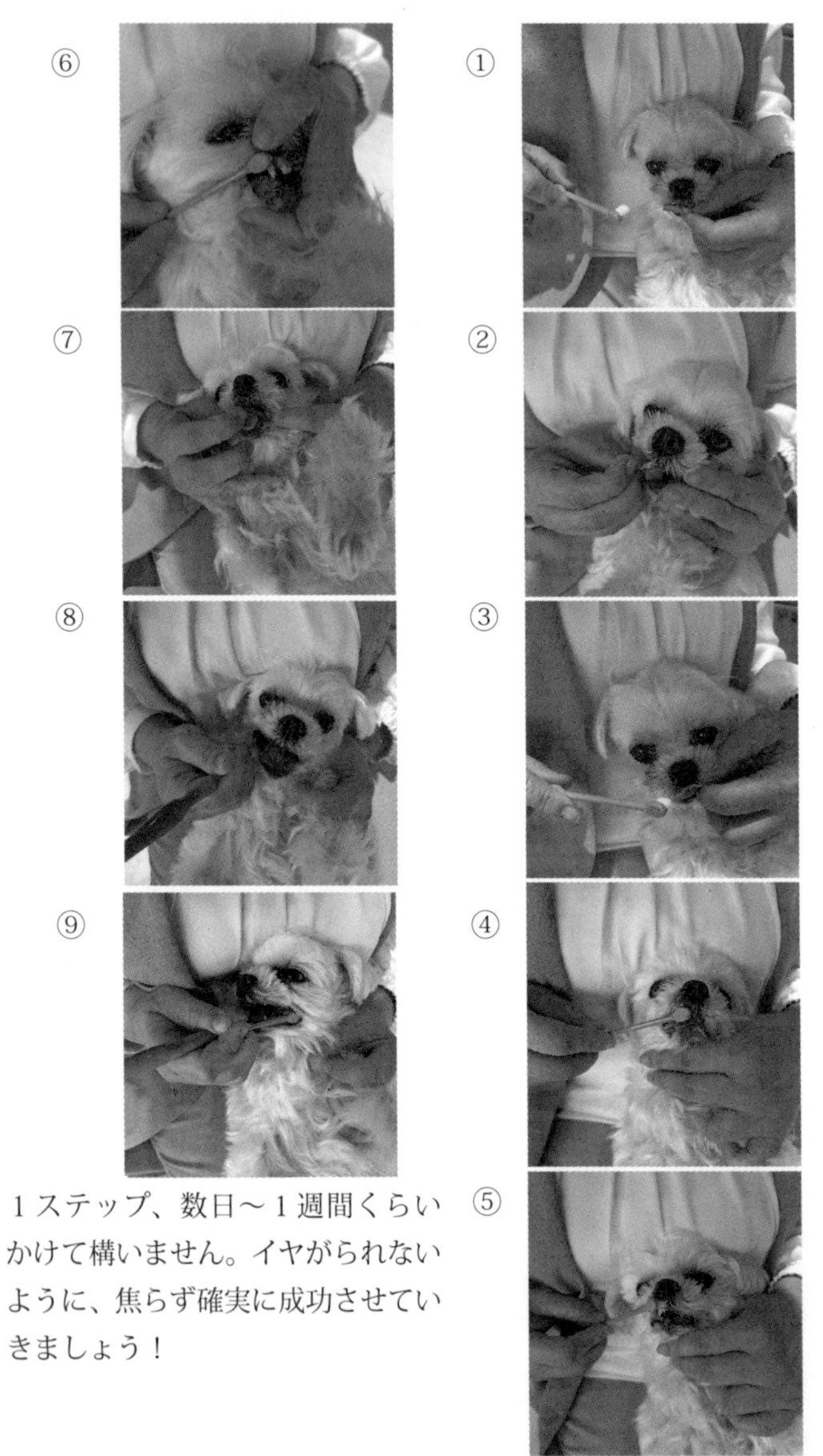

1ステップ、数日～1週間くらいかけて構いません。イヤがられないように、焦らず確実に成功させていきましょう！

【実例】首輪（カラー）をするとき噛みつく犬

●首輪（カラー）をするときに噛みつくケース

問題行動があるときの対処法、基本は「その行動をしなくていい環境（シチュエーション）をつくる」「〝よいコト〟とセットで」の2つです。でも、〝首輪（カラー）を着ける〟という行為は、犬との生活では、ほぼ避けられません（鑑札・名札等を付けるため）。

首輪（カラー）を付けるときに噛みつくというアロちゃん（小型犬MIX・♀・2歳）、最初は、ご褒美（おやつ）を食べさせながら着けてみては、とアドバイスしました。でも、ちょっと油断すると、バッと噛みついてくるので、飼い主さんは、毎回緊張しながら装着していたようです。

ちなみに、トリミングにも来店していたアロちゃ

ん、トリミング後に私が首輪を着けるのは、全く問題ありませんでした。ということは、「飼い主さん ＋ 首輪」という組み合わせでイヤな経験があったと予想できます。半年近く、ご褒美がなければ噛まれるという状況が続いたあと、突然、全く噛みつかなくなったとご報告がありました！

●道具を替えてみる

理由は、それまで使っていたワンタッチで装着できるプラスチックの留め具の首輪を、ベルト穴を通す金属バックルに替えたからでした。

着けにくそうと避けていたベルトタイプのほうが、アロちゃんには受け入れられたのです。

おそらく、プラスチック留め具で、毛か皮膚を挟み込んで〝痛かった経験〟があったのだろうと思います。先に仮定した「飼い主さん ＋ 首輪」ではなく、「飼い主さん ＋ プラスチック留め具」が原因だったことがわかります。

首輪を替えたことで、その方程式が崩れました。そして、新たに「ベルト穴タイプの首輪 ＋ご褒美」で〝よいコト〟の方程式が成立したのです。

すでに成立している方程式を崩すには、その要素（中身）がなにかを予想して、要素を替えてみて、新たな方程式を立てるのが有効なんですね！

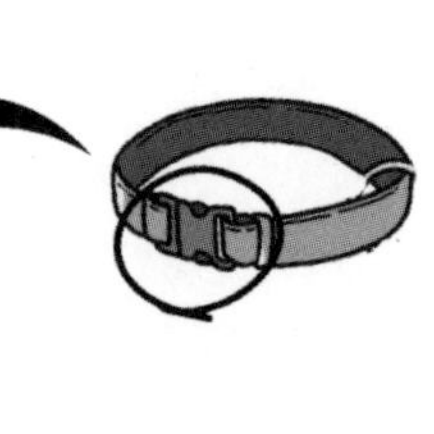

●方程式を立て直す

ほかにも、これまでご相談を受けてきた中で、こんな例もあります。

玄関チャイム（インターホン）の音に吠える犬（コ）のケース。基本の対処法（トレーニング）では改善されなかったので、チャイムの音を替えてもらって、改めて対処法（トレーニング）を行ってもらいました。新しいチャイムの音には全く反応せず、「新しいチャイムの音＋ご褒美（おやつ）」で改善したことがありました。

また、ブラッシングすると噛む犬（コ）のケース。ブラシを替えてもらって、スモールステップトレーニングで「ブラシを見せるだけ＋（プラス）ご褒美（おやつ）」から始めてもらいました。以前使っていたブラシは、それを見せるだけで噛みつきにきていたそうですが、新しいブラシにはそこまで警戒心を見せませんでした。

ご褒美（おやつ）とともに、見せるだけにしそっと体に当てるだけ、という手順で、優しくブラッシングできるところまで改善しました（このケースの場合、ブラシの種類が、その犬（コ）の毛質に合ってなかったのも、イヤがった理由と思われます）。

基本の対処法でうまくいかない場合や、すでに拒否感が相当強い場合は、道具を替えて、新たに〝よいコト〟の方程式を成立させます。苦手意識のあるものを、無理に克服する必要はないのですよ♪スモールステップトレーニングで確実に成功を重ねていって、新たな方程式を立てることが、うまくいく秘訣です！

【コラム②】首輪とハーネス、どっちがいいか問題

●首輪とハーネス、どっちがいいの？

お散歩をするときに、首輪がいいのかハーネスがいいのか、よく尋ねられます。このコラムでは、両者の長所短所をあげて、それをふまえてどうすればいいのか、ズバリ解答します！

○首輪の長所…装着が簡単。常に着けていられるので、鑑札や迷子札を着けるのに便利。
△首輪の短所…首周りの毛が摩擦で切れる。お散歩で犬が引っ張ると首がしまる。時々抜ける。
○ハーネスの長所…お散歩で犬が引っ張っても、首が締まらない。
△ハーネスの短所…装着がやや面倒。足抜けすることがある。本来は犬ゾリをひくための道具なので、〝引っ張り癖〟を助長しやすい。

●ズバリ言うわよ

これらを踏まえて、私が出した最適解は…お散歩のときは、両方を繋げて装着！

首輪の問題は、お散歩で首が締まることですが、首に圧迫感があるほうが「引っ張ったら苦しいから引っ張らない」と学習できます。そこにハーネスを併用すると、首への負担を減らしつつ、引っ張ると適度な圧迫感も維持されるからです。また、両方繋げて装着すると、互いに抜けにくくなります。最近は、首輪とハーネスを繋ぐジョイントリードもあるので、利用してみてください♪

7章　犬のしつけ、主役は飼い主！

48　飼い主は演出家（ディレクター）

●〝成功〟を演出する

6章まで読んで、「アレ？　犬のしつけって、なんだか思ってたのと違うな」と感じたのではないでしょうか？　日本では、戦後のペットブームの頃から〝犬のしつけ〟を担ってきたのが、訓練学校でした。だから〝犬のしつけ〟といえば、いわゆる服従訓練（オビディエンス）で、犬に号令（コマンド）でなにかを〝させる〟ことに重点が置かれてきました。

でも、お家（うち）の中で愛犬に〝かしこく〟過ごしてもらうには、吠えない・噛まない・興奮しすぎない・トイレを失敗しない…〝しない〟ことが必要です。〝させる〟のも〝しない〟のも、〝よいコト〟＝ご褒美があれば、その行動を強化することはできます。

ただ、なにかを〝させた〟ときに、褒めたりご褒美をあげたりするのは、わかりやすいので簡単です。が、〝しない〟のを褒めるのは、見逃したり忘れたりして、意外と難しいですよね。

ここで自分が、問題行動をしなくていいシチュエーションを用意して（6章）、ご褒美をあげる準備をする（4章）＝〝成功〟するように演出したなら、〝ご褒美〟のタイミングを見逃すことも忘れることもありませんよね。自分が演出して、こうなる、とわかっているのですから。

●観察と準備

より成功率を上げるには、普段から愛犬をしっかり観察し、〝成功〟できる準備を整えます。

たとえば、愛犬の「飛びつき」を止めさせたい場合（人が大好きな犬がよくやる飛びつきですが、犬が苦手な人や犬アレルギーの人、高齢の方や小さい子供に飛びつくと、小型犬でも事故になることがあります）。

お散歩中に人が近づいたら飛びつくとわかっているので、近づいてくる前に、リードを短く持ちます（飛びつきが激しい場合は、オスワリの姿勢ができる長さでリードを踏む・下図）。これで人が近づいても〝飛びつかない〟を演出できます。飛びつかない（飛びつけない）ので、ご褒美です。はい、成功!!

●飼い主は、犬を幸せに導く演出家（ディレクター）

〝成功〟すると愛犬は褒めてもらえるので、〝成功〟体験を積み重ねることは、愛犬の記憶が幸せでいっぱいになる、ということです。英語で direct は「導く」という意味です。ディレクターとは、

「導く人」。飼い主は、愛犬を幸せに導く演出家(ディレクター)です！

テレビや演劇で演出家(ディレクター)といえば、演者さんを指揮して、よりよい作品をつくり上げるリーダーです。その作品にとっては、演者さんよりも重要な役割、主役といえます。あなたは、愛犬にとっては演出家(ディレクター)で、あなたの人生にとっては主役、一番大事な存在なのです！

49 練習すべきは〝タイミング〟

●〝ノーリアクション〟と〝脊髄反射で褒める〟の2つだけでしつけの9割が決まる

「アレ？　犬のしつけって、なんだか思ってたのと違うな」と感じるもう1つの理由があります。
〝犬のしつけ〟というと、飼い主と愛犬が一生懸命、なにかを練習するイメージがないでしょうか？　でも、本書で紹介している〝しつけのコツ〟って、ほぼ「ノーリアクション（無視）」と「脊髄反射で褒める」ですよね？（笑）
そうなんです！　一般の飼い主さんとプロの訓練士(トレーナー)さんの決定的な違いは、〝無視〟と〝褒め〟の技術(スキル)です。特に〝褒め〟。2章10でオスワリ・お手なんて簡単、といいましたが、〝褒め〟のタイミングが上手なら、オスワリなんて、本当に30分もかからず教えることができます。
正解の行動に対して「脊髄反射で褒める」のと、問題行動へのノーリアクションができたら、しつけの9割が成功と言っても過言ではありません。

●褒めるタイミングはプロに教わってほしい

ただ、この褒める〝タイミング〟、すごく難しいです。たくさんの飼い主さんの、褒める練習を見てきましたが、最初から愛犬が「あ！　これが正解⁉」とピンとくるように褒めてあげられるのは…全体の1割くらいでしょうか。レッスンや練習（トレーニング）をしているうちに上手になってきますが、最適なタイミングを掴むには、上手な見本と、上手に訂正してもらうことが必要です。

レッスンやカウンセリングで、私が褒めるのを見た飼い主さんは、たいてい驚きます。おそらく、思った以上にタイミングが早くて、ピンポイントだからだと思います。で、実際に飼い主さんにやってもらうと…9割の方がタイミングが遅いです（笑）。これは、横から客観的に見てもらわないと、自分ではわからないと思います。

自転車の練習と同じで、一旦できるようになれば、その後もずっとできます。ただ、自転車はちゃんとできれば〝乗れる〟ので、自分でできたかどうかわかりますが、ちゃんと〝褒め〟られているかどうかは、自分ではわかりません。

ぜひ、プロの訓練士（トレーナー）の〝褒める〟タイミングを見て、盗んでください。そして、自分のタイミングが合ってるかどうか、見てもらってください。しつけ教室や訪問レッスンは、この2つをすることで受講料のもとが取れます（笑）。逆に言うと、それをしないなら、受講するのがもったいないです。

●犬のしつけ、練習するのは飼い主

ここまで読んで、うすうす感じていると思いますが（笑）、犬のしつけをする上で、練習するのは飼い主さんです！　このことが認識できているかいないかで、教室やレッスンで習うときの上達具合、ワンちゃんの成長具合が全然違います。愛犬が、ではなく「私が、上手になるんだ！」という気持ちで練習に取り組んでみてくださいね！

50　すべての行動を決めるのはリーダー＝飼い主

●命に係わること以外は、遠慮しなくていい

朝の４時前にお腹が空いたと起こされる、夕飯の支度が途中なのに散歩に連れていけと吠える、歯磨きしたいけどイヤがって逃げるからかわいそうでできない…そんなお悩みを聞くのですが。晩ごはんをちゃんとあげてるなら、４時前に起きる必要ないですよね？　散歩なんて、何時に行ってもよくないですか？　歯磨きしないと歯周病になって大変ですよ？

愛犬はかわいくて大事ですけど、同じかそれ以上に大事なこともいっぱいありますよね。衣食住が整っていて（3章18）、安心して生存できる状態を保てているなら、愛犬を最優先にする必要はありません。遠慮なく、睡眠時間や家事の時間を確保して、必要なケアもすればいいのです。

●リーダーが決めてくれることが幸せ

3章20にもあるように、犬には群れのリーダーが決めたことに従うという本能（服従本能）があります。その本能をうまく刺激してあげることで、犬は、リーダーのペースに合わせることが幸せ、リーダーが行動を決めてくれることが幸せ、と感じるようになります。

逆に、愛犬の要求に応えることで、愛犬は自分のほうが上位だと感じるようになり、リーダーになりたい本能（権勢本能）が刺激されます。

愛犬からの要求は、排泄以外は、基本的にすべて〝無視〟でいいです。遊びでもごはんでも、愛犬がスタート地点になってしまうと、関係性の主導権は、愛犬が持つことになります。

ただ、何もしてくれない飼い主は、全く魅力がないので、叶えてあげられる要求（お散歩や遊び、マッサージなど）は、飼い主のほうから「行こう！（やろう！）」と誘います。愛犬との行動は、すべて〝飼い主がスタート地点〟になります。そしてもちろん、スタートのタイミングは、愛犬がおりこうにしているときです！

●嫌われないから安心して！

愛犬が「おやつちょうだい」とか「抱っこして」とか言ってきてるのに、無視したら嫌われるんじゃないかな、と心配ですか？　大丈夫！　3章の【実例】をもう一度読んでみてください。名前も呼んでくれない、イヤがっても淡々とお手入れを進められる、最後に一言褒めてくれるだけのトリマーが、溺愛されるのです（笑）。愛犬の要求を無視しても、全く嫌われることはありません！

逆に、犬はツンデレに弱いですから（3章22）、すぐには要求に応えず（＝ツン）、後で落ち着いたときに誘ってくれる（＝デレ）ほうが好かれます。

愛犬のペースに合わせず、**あなたのペース**で生活することで、愛犬は**安心する**し、心をゆだねられます。

愛犬は、あなたが主役の人生を、共に歩んでくれる相棒です。あなたが心から望むことを、嫌ったりしません！　あなたが起こすアクション（行動）に応えるのが、愛犬の快感であり、喜びなんです！

自分のペースで人生を歩む、あなたの隣を歩くことが、愛犬の誇りなのですよ。

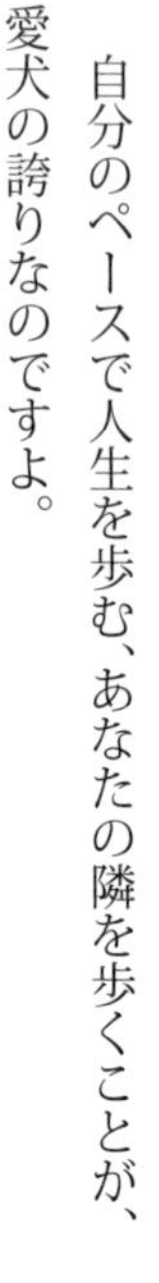

51 犬には、飼い主の深層心理・潜在意識まで伝わる

●「本当はやりたくない」は伝わる

恐怖心を持って犬に触ると余計に噛まれます（6章47）。また、「かわいそう」「ゴメンね」というツライ気持ち（罪悪感）があると、しつけはうまくいきません（4章31）。

DNAなどの調査で、犬の起源は、数万年前に人と行動を共にするようになったオオカミだと考えられています。人の気持ちに敏感だったからこそ生き残れた。万の年月をかけて、人に寄り添える犬だけで受け継いできたDNAです。呼吸をするように、飼い主の気持ちを読み取れるはずです。

これは、飼い主が感覚的に「うちの犬（コ）って、私の気持ち、わかってるよね！」と思うだけじゃなく、科学的にも立証されています。飼い主と愛犬のストレスのレベルが長期的に同期している（参考文献2）とか、飼い主の体臭でハッピーか恐怖を感じているかわかるとか（参考文献3）。ストレスが同調して、体臭＝飼い主が発する物質も区別できるなんて、想像以上に飼い主の感情を読み取っていると思いませんか??

しかも、ミラーニューロン（感情が同期する神経作用）もあるかもしれないときたら、「（本当は

したくないけど）必要だから（仕方なく）しつけをする」という気持ちの（）内まで伝わってしまうのは、全く不思議ではないですよね。

●「私がいなくちゃダメなんだよね」も伝わる

深層心理や潜在意識まで犬に伝わっているとしたら、飼い主の心の奥にある欲求まで伝わっていてもおかしくありません。

たとえば、「愛されたい・必要とされたい」という欲求が強いと、無意識に「私がいないとダメな存在」を求めてしまいます。それを愛犬がキャッチしたら…？「飼い主さんは、ダメな犬（コ）が好きなんだね！」となりますね。愛犬は、求められたとおり、ダメな犬（コ）コースまっしぐらです。

●愛犬に振り回されて大変な私を労わって？

また、愛犬に噛まれたり、1日中トイレの掃除に煩わされたりすることで、「私ってこんなに大変！　毎日がんばってる！」と、謎の充実感を感じてしまっていたら？　大変な思いをしていることを、周囲が心配してくれることに、幸せを感じてしまっていたら？

愛犬は「飼い主さんが幸せそうだから、もっと噛むね！」「そこかしこでトイレの失敗するね！」となってしまっても不思議じゃないですよね？

●犬は、飼い主の心を映す鏡

愛犬が一見、ダメな行動をしているようでも、それは、飼い主が心の奥で望んでいることをしているだけかもしれません。だとしたら、自分は本当はどうしたいのか、周囲からどう扱ってほしいのか、心に問いかけてみてください。

そこで、不満や不安が見つかったら、そんなあなたの心の奥の欲求を、素直に受け止めてくれる存在＝愛犬がそばにいるよ、この犬（コ）に愛されているよ、と実感してみるといいかもしれません。

52　カンペキな犬なんていない

●競技で優勝する犬（コ）がよい家庭犬とは限らない

テレビやＳＮＳで犬の競技会などを見ていると、あんなことがあんなスピードでできて、スゴイなぁと思いますよね。ただ、競技で優秀な犬（コ）が、必ずしも日常生活ですごくお利口、なワケではないこともよくあります。

競技で優勝するには、物凄くテンションを上げて、アドレナリン全開にならないといけません。アドレナリンを出せるということは、興奮しやすい犬ということです。また、いきなりアドレナリンを全開に出せるワケではないので、日常的にちょくちょく興奮させないといけない、もしくは、落ち着かせる（＝アドレナリンを抑える）練習はできないのです。競技が大好きな飼い主さんならいいですが、一般の飼い主さんだと、おそらく〝手に負えない犬〟と感じるでしょう。

●愛犬の欠点は飼い主の成長に必要なもの

性格も容姿も能力もカンペキな人間なんていないように、カンペキな犬もいません。1頭1頭、性格も能力も嗜好（何が好きか）も違います。欠点だって、警戒心が強かったり、臆病だったり、興奮しやすかったり…。その犬その犬によって、本当に様々あります。

まえがきにも書きましたが、私はヒーリングの師匠から「どんなワンちゃんも、その家族に必要な犬が来ている」と教わりました。もし、あなたが、「うちの犬はコレが欠点！」と思うことがあるなら、それを愛犬と一緒に解決することが、あなたの人生にとって必要なことなのかもしれません。

たとえば、「よかれと思って」なんでも先回りしてやってあげてるのに、部下や子供が全然言うことを聞いてくれないと悩んでいる人の犬は、やっぱり言うことを聞いてくれなかったり、自分で自分の興奮を鎮めることができなかったり…。

でもここで、愛犬の問題をなんとかしたいと学び始めれば、先回りして号令を出さずに、〝正解〟の行動が出るまで待つことができるようになります。さらに、愛犬からの要求に応えない練習をすることで、愛犬に振り回されず、自分のペースで生活できるようになります。これは、人間関係にも活きてくるはずです。

●みんなちがってみんないい

もし「うちの犬(コ)はどうして○○ができないの…」というお悩みがあれば、それは、あなた、もしくは、ご家族全体の問題を解決するチャンスかもしれません。でも、ムリに立ち向かう必要はないんです。欠点を受け入れて、うまく回避する方向にもっていってもいい。愛犬と一緒に試行錯誤することで、光が見えてくるはずです。

よその犬(コ)と違う、カンペキじゃないうちの犬(コ)は、ほかの誰でもない、あなたを幸せに導いてくれる天使(ナビゲーター)なんですよ！

53　うちの犬(コ)と自分がどうなったら幸せかをイメージする

●よそはよそ、うちはうち

テレビやＳＮＳを見ていると、愛犬とお出かけしたり、犬同士でかわいく遊んでいたり…自分もうちの犬(コ)とあんなことできたら幸せだなぁと思われるかもしれません。また、号令(コマンド)で飼い主の手にアゴを乗せたり、ジャンプしたり、ゴロンしたりできるのを見て、賢いなぁ、うちの犬もああいうことができればいいのに…なーんて思うでしょうか？

それって、あなたと愛犬の両方にとって、ホントに幸せなことですか？

現在の私の愛犬ニコラは、よその人・犬を怖がる陰キャですが（2章【実例】）、家族だけのときは、無駄吠えしないし、トイレも号令（コマンド）でできるし、落ち着いたよい犬（コ）です。飼い主の私は、ドッグランやカフェでほかの飼い主さんと交流するのも好きですが、愛犬（ニコラ）は非対応（笑）。なので、私の趣味の温泉旅行に付き合ってもらうときは、犬と泊まれるけど犬が少なそうな宿を選ぶし、途中のドッグランには寄りません。それでも一緒に旅するのは、最高に楽しく、幸せです！

犬との楽しい暮らしはこうじゃなきゃいけない、なんて決まったパターンはないんです。テレビやSNSのキラキラした映像は一旦頭の中から追い出して、あなたが愛犬との暮らしがホントに幸せだなって感じるには、何が必要で、なにが必要でないかを考えてみるとよいかもしれません。

●「この犬（コ）がいないとダメ」は事実ではない

「この犬（コ）は、私がいないとダメなの」と思っていると、飼い主の望み通りのダメな犬（コ）になってしまう（7章51）と説明しましたが、その逆の「私は、この犬（コ）がいないとダメなの」という気持ちも、飼い主と愛犬を幸せにしないことが研究でわかっています（参考文献4・5）。

この犬がいると楽しくて幸せだけど、この犬を迎える前も、それなりにちゃんと生きてきたはずです。ということは「いないとダメ」は事実ではないですよね？　それよりも、事実である「今、一緒にいる幸せ」を実感してみてください。

●犬を言い訳にしていると幸せは逃げていく

「この犬がいるから、旅行に行けない」とか「この犬にお金がかかるから、好きなものを買えない」、「吠えるから、一緒におでかけできない」…聞いているだけで、自ら幸せを手放しているな、と思いますよね。

　旅行に行きたければ、一緒に行ってもいいし、ペットホテルに預けてもいい。ペットホテルが苦手なら、克服できるように練習してもいいし、泊りがけじゃなく近所の名所に行ってもいい。克服しても回避しても、あなたが幸せと感じていれば、愛犬も幸せです。

●自分とこの犬のベストな付き合い方を考える

　人も十人十色なら、犬も十犬十色。幸せの形は、その組み合わせだけで１００通りあるということです。そんなにあれば、誰かの、どこかのワンちゃんの幸せそうな姿を、自分たちに当てはめることはできません。

自分とこの犬がどうなれば幸せか、そのための取捨選択は、あなたがしていいのです。

54 難しいときはプロを頼っていい

●〝自分なり〟の結果

愛犬が困った行動をすると思ったら、本や動画で調べたり、犬友さんや、かかりつけの獣医さんに相談したりするかもしれません。それでうまくいけばいいのですが…。うまくいかなかったとしたら、原因は、「方法が合ってない」か「やり方が間違っている」だと思います。

たとえば、吠えるのを止めさせる場合、なぜ吠えているのか（威嚇なのか要求なのか興奮なのか）、何に対して吠えているのか、犬の性格・飼い主の性格、家の環境…などなどによって対策が変わります。本や動画、犬友や獣医さんから得られる対策法は、多くて数種類、たいてい1つの方法です。それが、たまたま当てはまればいいですが、的外れだと、よい結果にはなりません。

また、方法は合っていても、褒めるタイミングが違うとか、シチュエーションの設定の仕方が違う、そもそも褒めるのがご褒美になってないなど、やり方に問題があるケースも多いです。

「自分なりにがんばります！」といいますが、〝自分なり〟にやってきた結果が「今」です。〝自分なり〟の範囲では、「合ってない」「間違っている」を修正できないということです。

●失敗の経験が積み重なる前に

ここまで読んでいただいたら、犬は「過去の経験で未来を予測する」は、耳（目？）にタコですね。

では、「合ってない」「間違った」方法で失敗を積み重ねたら？　〝してほしくない行動〟で成功体験を繰り返したら？　繰り返せば繰り返すほど、修正には、時間と労力がかかるようになります。

●できているかできていないかを見てもらう

しつけ教室や個別レッスンで、プロの訓練士（トレーナー）から教わるのは、褒める〝タイミング〟と、問題行動が出にくくなる〝環境設定〟です。

この2つは、人の癖（クセ）と習慣なので、自分では修正できません。背中に貼られたメモ用紙に気づかないのと同じで、自分では見えない部分だからです。なので、ここでは先入観を持たず、素直に訓練士（トレーナー）に背中の紙を剥がしてもらってください。

その後は、〝タイミング〟と〝環境設定〟ができているかどうか、ひたすらチェックしてもらいます。

これ、極端に言えば、自分以外なら誰に見てもらってもいいのですが、身内から指摘されるとブチギレしやすいので（笑）、他人でありプロである訓練士（トレーナー）さんに見てもらいましょう。

●始めるのは何歳からでもOK！

うちの犬（コ）はもう○歳で、失敗経験を積み重ねすぎてるからムリ…なんてことはありません!! 犬はかしこいので、吠えても噛んでも望んだ結果が得られないとわかれば、ムダなことはしません。

経験は上書きできます。それまでの経験が濃いと、塗りつぶすのに少し手間がかかりますが、飼い主が〝ちゃんとした反応〟をしていれば、決して上書きできないことはないのです。

55 愛犬のために、自分が幸せになる

●飼い主の心と体の状態に影響を受ける

新型コロナウイルスが流行したとき、人からペット（犬・猫）に感染することがわかり（参考文献5）、飼い主さんたちはとても心配したことでしょう。同じ空間で過ごしているのですから、コロナ以外も、ペットと飼い主、双方が感染しているウイルスや雑菌が、お互いの体調に影響をしていると考えるのは、不思議ではありません。

また、7章51で紹介したとおり、飼い主のストレスを愛犬が受け取っている（参考文献2）こと

も科学的に証明されています。

愛犬が不調だと、心配ですよね？　でも、もしかしたらそれは、あなたの不調の影響を受けているのかもしれません（このあたりは、本書の第2弾が出せたら、詳しくお伝えしたいです！）。

●愛犬の体調も、飼い主を映す鏡

7章51で、愛犬の問題行動は、飼い主の深層心理・潜在意識の現れかも、とお伝えしましたが、飼い主のウイルス感染やストレスもペットに影響がある、ということは、愛犬の体調も、飼い主さんの状態を映しているかもしれません。

●飼い主の健康と幸せが愛犬を幸福にする

だから、愛犬に元気で幸せに暮らしてほしいと思ったら、〝自分が元気で幸せ〟じゃないといけないんです。ちょっとした体調不良だと思って我慢して、もしくは、見過ごしていませんか？　職場で、家庭で、学校で、自分が我慢すればいいと思って、ストレスを溜め込んでいませんか？　自分のことなんか誰もわかってくれない、と悲しんでいませんか？

その体調不良が、愛犬にも同じように起こっているとしたら？　そのストレスを、愛犬も同じように感じてるとしたら？

でも、仕事もあるし、家族のこともあるし、我慢しないとか頑張らない方法なんてわからない…と思われるかもしれません。

大丈夫、それは、愛犬が教えてくれます！　愛犬のいろいろな問題は、あなたを映す鏡なのだから、愛犬と一緒に問題解決に取り組めば、もしかしたら、あなたの抱えるいろいろな問題も、自然と解決するかもしれません。

●自分に、幸せになる許可を出す

そのためには、自分に〝幸せになる許可〟を出してください。相手のペースに合わせなくていい、相手の要求に応えなくていい、先回りして指示を出さなくていい、よそと比べなくていい…あなたが心配していること、我慢していることは、実は、しなくてもいいことかもしれません。

それを気づかせてくれるのが、愛犬というかけがえのない存在です。愛犬は、あなたとあなたの家族が幸せになるためにやってきた天使なのですから。

《レッスン》愛犬のことを忘れる時間をつくる

●愛犬にずっと意識を向けていると…

うちの犬を大事に思うがゆえに、家にいる間だけじゃなく、お出かけ先や仕事中でも、ずーっと愛犬のことを気にかけている飼い主さんがいらっしゃいます。犬は、飼い主の動きや気持ちにとても敏感です。愛犬に意識がずっと向いていると、犬は2つのパターンで問題行動を起こしやすくなります。

1つは、「どうせオレ（私）に惚れてるんだろ?」パターンです。愛犬は愛されてるから、何をしても許されると思って、言うことを全然聞かないワガママ犬になります。もしくは、向けられてる意識を「ウザい」と感じたら、機嫌が悪いと攻撃する犬になってしまいます。これは、男の子に多いパターンです、

もう1つは「ずーっと見つめててくれなきゃイヤ」パターン。いつも自分が中心じゃないと気が済まなくて、ワガママになったり。もしくは、意識を向けられている状態が普通になってしまって、それがないと不安になって吠えたり、破壊行動をしたり。いわゆる、分離不安ですね。こちらのパターンは、男の子も時々いますが、女の子に多く見受けられます。

●練習方法

1日のうち5～10分でいいので、「愛犬と同じ部屋にいるけど、愛犬のことを全く意識しない（無視する）時間」をつくってください。決めた時間は、愛犬のことを一切考えないようにします。〝愛犬がそこにいない〟かのように、テレビや本や家事に集中しましょう。

慣れてきたら、30分・1時間と時間を延ばしてみましょう。

●飼い主がいるときといないときの差を小さくする

飼い主が出かける（いなくなる）瞬間のストレスや、帰宅時の挨拶が、分離不安の原因と説明しましたが、それだけではありません。飼い主が在宅時に、ずっと愛犬に意識を向けていると、不在となったとき、愛犬は、ずっと感じていた飼い主の意識が、急になくなるわけです。たとえるなら、ずっと握っていた手をパッと離された感じです。在宅時も、「ときどき飼い主の意識がこちらに向かなくなるな」という経験をしておけば、不安も小さくなります。

●愛犬と自分は一心同体じゃない

愛犬（に限らず、子供も伴侶も）と自分は、人生の一部を一緒に過ごしているだけで、全く別の存在です。自分とは別の存在への尊重が、よい関係の基礎（ベース）になるんじゃないでしょうか。

おわりに　すべての飼い主さんへ

物心ついたときには私のまわりには、犬・猫・文鳥、ウサギもいた気がします。その後、猫アレルギーになってしまいましたが（猫も大好きなのに！）、東京で独り暮らしをしているときはハムスター、それ以外は、犬がずっと隣にいました。でも、成人するまで、まさか自分がペット業界で仕事をするようになるとは思ってもいませんでした。法学部に入りましたし。

おおらかそうに見えるようですが、意外と繊細で（笑）、若い頃は正義感だけが強く、世間に対して批判的だったと思います。また、勉強や仕事では高い評価をいただいていましたが、プライベートでは片づけが大の苦手（笑）。喘息持ちで、いつも体調崩しがち。さらにお酒大好き。自分でいうのもなんですが、かなりの欠陥人間です。

ただ、仕事をするのは大好きだったので、職場では片づけもちゃんとするし、自分の店を開業してからは、20年間体調を理由に、入っていたご予約をお断りしたことはありません。そんなアンバランスな私ですが、1章【実例】でご紹介した愛犬ミルコが来てから、本当にたくさんのことを学ばせてもらいました。

3頭兄弟の中で、ほかの2頭より一回り小さく生まれたミルコ。「ちょっと体が弱いかも」の言葉とともに、トリミングの師匠でもあるブリーダーさんから譲られたこともあり、食餌（しょくじ）にはかなり力を入れました。その成果か、1歳になる頃には、兄弟の中で1番大きく育ちました！　このときの勉強が、後のペット食育上級指導士の資格取得に繋がっています。

しつけはもちろん、ドッグアロマセラピーの練習にも付き合ってもらって、ナチュラルなトリミング、食餌ケアと体質改善、メンタルケアのスキルを身につけて、ワンちゃんの体の外・体の中・心のトータルケアができるようになったのは、ミルコのおかげです。

2頭目の愛犬ニコラは、保護犬で性格が陰キャ（笑）ということで、さらにいろいろ勉強させてもらいました。ミルコとニコラ、それほど仲良しではなかったですが、正反対の性格の組み合わせが面白く、笑いが絶えない毎日でした。

その頃には、自宅から徳島市内に移転した店舗が忙しくなり、店舗近くに住居を移しました。犬の体質改善を学んだとき、「病気予防には部屋の除菌」と繰り返し聞いたからか、気がついたら毎日ちゃんと掃除して、夫婦2人と犬2頭、キレイな住環境で暮らしていました。

また、2018年に胆嚢摘出手術をした際、いろいろな病気が見つかってしまい（笑）、自分を体質改善しないといけない状況になりました。ペット食育上級指導士の知識を総動員して、1年かけて20kgのダイエット！　犬も猫も哺乳類なので、食餌療法や体質の考え方は、人と同じなのです。あれから6年経って、ちょっとリバウンドしていますが、なんとか元に戻らずに踏ん張っています（笑）。

その後、2020年には父の膀胱ガンが発覚。発生箇所の関係で、臓器摘出・抗がん剤・放射線の三大療法が行えず、患部を少しずつ削る手術を3〜4回する対処法しかない、それでも全部切除するのはムリと言われました。そこで、私が勉強してきた体質改善の知識・スキルをまたまた総動員。さらに、ペットのナチュラルケアを学ぶときにお世話になった東洋医学の大師匠の力もお借りして、病院での治療と並行して、代替療法に取り組みました。その結果、2回目の手術で全切除完了。手術前のエコー検査で、膀胱内の全面にあった腫瘍が、小さいシコリ3つくらいまで減っていることがわかっていました。父は2024年現在も、愛猫と元気に暮らしています。

W大法学部をやめて、周りからはいろいろ言われましたけど、ペットの仕事をしていなければ、これほど食餌・代替療法の勉強はしなかったでしょうし、大師匠とも出会えなかったと思います。少しずつ習慣を変えていくスモールステップトレーニング（6章レッスン）も、ダイエット・体質改善にとても役立ちました。

仕事や子育てからも、たくさんのことが学べると思います。それと同様(個人的にはそれ以上に)、愛犬との生活も、学びの連続です。なんたって、愛犬は、飼い主が幸せになるためにやってきた天使ですから！愛犬と一緒に乗り越えたことは、すべて飼い主の魂の成長に繋がります。それを実感したからこそ、本にして、たくさんの飼い主さんに届けたいと思いました。

本書が、あなたと愛犬の魂を磨くガイドブックとして、少しでもお役に立てたなら、これほど嬉しいことはありません。

※本書でご紹介したトレーニングを動画で見られるサイトをご用意しました。左のURL、QRコードからご覧ください。

https://www.inu-shitsuke-kenko.com/shitsuke55douga

パスワード shitsuke55

最後に、本書の出版を決断してくださったセルバ出版の森忠順社長、森社長とご縁を繋げてくださった米満和彦先生、尊敬する家庭犬トレーナーで、本書に素敵な推薦文を寄せてくださった戸田

美由紀トレーナー、大阪から毎月徳島に来てキレッキレのレッスンをしてくださった笹島万起子トレーナー、私にナチュラルケア・ホリスティックケア（全体療法）の知識と考え方を授けてくださった須崎恭彦獣医学博士、撮影に協力してくれたエルモ君とニコラ、イラストを担当してくれた夫に最大限の感謝を！

すべての飼い主さんとワンちゃんの魂が、ピカピカに磨かれることを祈って、筆をおきます。

愛犬との信頼構築アドバイザー　ワタベ　なみ

頼れるプロに相談するには…

○愛犬との信頼構築アドバイザー　ワタベ　なみ（四国周辺）
https://www.inu-shitsuke-kenko.com/

○家庭犬しつけ専門ドッグトレーナー　戸田　美由紀（関東周辺）
https://www.inu-shituke.com/

○笹島　万起子トレーナー（関西周辺）
https://www.facebook.com/kuru.mido.katsu

○ペット食育協会®（食にお悩みがある方）
https://apna.jp/

○須崎動物病院（体調に問題があって、なかなか解決しない方）
https://susaki.com/

参考文献

1「Normal gut microbiota modulates brain development and behavior」January 31, 2011 108 (7) 3047-3052 doi: 10.1073/pnas.1010529108

2「Long-term stress levels are synchronized in dogs and their owners」2019 Jun 6;9(1):7391. doi: 10.1038/s41598-019-43851-x

3「Interspecies transmission of emotional information via chemosignals: from humans to dogs (Canis lupus familiaris)」2018 Jan;21(1):67-78. doi: 10.1007/s10071-017-1139-x

4「コンパニオン・アニマルへの愛着の多次元性～基本的愛着および依存的愛着と精神的健康との関連～」金児 恵

5「ペットへの愛着がペットの給餌傾向，ボディ・コンディション・スコア，疾病と予防行動に及ぼす影響」日本獣医師会雑誌 ２０１８年7月

6「Pet Animals Were Infected with SARS-CoV-2 from Their Owners Who Developed COVID-19」Viruses 2023, 15(10), 2028; doi: 10.3390/v15102028

著者略歴

ワタベ　なみ

1974年5月5日徳島県生まれ。20代は東京在住。現在は徳島在住。トリマー歴25年。飼い主さんのカウンセラー歴15年。2009年から四国・徳島県で予約が取れない人気トリミングサロン「愛犬の健康美肌サロン あにまるわいやーど」を15年経営。

月200頭以上の犬をトリミングしながら、しつけ・健康カウンセリングを行い、ペット食育講座、カルチャースクールでのしつけ講師も務める。

これまで関わった飼い主とワンちゃんは3000組。

現在は、同県内で犬のしつけとヘルスケアの教室「ドッグル」を主宰。

https://www.inu-shitsuke-kenko.com/

犬のしつけがうまい人がやっている55のこと

2025年1月20日 初版発行　　2025年3月18日 第2刷発行

著　者　ワタベ なみ　© Nami Watabe

発行人　森　忠順

発行所　株式会社 セルバ出版
〒113-0034
東京都文京区湯島1丁目12番6号 高関ビル5B
☎03（5812）1178　FAX 03（5812）1188
https://seluba.co.jp/

発　売　株式会社 三省堂書店／創英社
〒101-0051
東京都千代田区神田神保町1丁目1番地
☎03（3291）2295　FAX 03（3292）7687

印刷・製本　株式会社 丸井工文社

Printed in JAPAN
ISBN978-4-86367-940-5